衝~衝~衝

中小企業主管五天激勵法

石向前◎

原書名：大激勵

前言

良好的人際關係是成功的重要前提，而每個人的內心深處，總是強烈的渴望他人的肯定和鼓舞。林肯曾經說過：「人人都需要讚美，你我都不例外。」馬克·吐溫則說：「一句讚美的話能當我十天的口糧。」可見學會激勵別人是建立並維持良好人際關係的秘密武器。

很多時候，一句普通但卻真誠懇切的話語，卻具備莫大的鼓舞與激勵的力量，它可能在不經意間激發了一個人的鬥志，從而改變他一生的命運。所以，懂得激勵藝術的人，總是能及時滿足別人內心的需要，激發他人埋藏的進取心，使得他們喜歡與自己共事，給予自己幫助和支援，進而推動自己的人生和事業往前進。而這一切，我們甚至不需要絲毫物質上的付出，就可以得到超乎想像的回報。

所以我們有必要去瞭解自己和別人積極的一面，重新認識自己和別人的長處及能力。這將使我們的生活擁有更多的樂趣，別人的人生也會因爲得到了激勵和尊重而更加精彩。

只是，每個人的個性、生活經歷、工作性質和環境各不相同，所以激勵的方法也天差地別。激勵是生活中一門不可或缺的學問，也是一種管理的藝術，不可不學。本書的學習重點有以下四大項，一、學會如何瞭解自己與他人，從而掌握個性的優缺點以提升自己和他人的士氣。二、學會如何改善個性上的弱點，接納他人的個性，運用個性上的優點激勵他人，以便從容地建立良好的社交關係，激勵他人助你完成自己的份內之事。三、學會如何樹立自信心，重塑自我，實行自我激勵。四、學會如何激勵主管，激勵同事，以及學會激勵的語言和批評的藝術（反面激勵）。

你自本書獲得的知識在影響、激勵他人的同時，也是在激勵自己。掌握其中的方法和訣竅，即使是一隻病貓，也能激勵成老虎。

目錄

第一天 激勵診斷，讓我爲你把脈

目錄

目錄

第三天 爲激勵添上雙翼

目錄

第一天 激勵診斷，讓我爲你把脈

瞭解自己與他人的個性是成長的唯一辦法，赫赫有名的梅爾斯．布里斯團隊將不同的個性與行為分為四大類。為了方便說明，分別稱為主控型（第一型）、合作型（第二型）、圓滑型（第三型）與享樂型（第四型）。

這一分類能告訴你如何瞭解自我與他人，掌控個性的優缺點以提升士氣。你會學到如何運用個性上的優點激勵自己與別人，同時，你也會學到如何更從容地建立職場關係，以及如何激勵別人完成份內之事，賦予你改變行為的力量。

第一節　個性測驗，摸清自己的底細

本節幫助你瞭解自己的個性與基本特質。藉由下列的個性測驗，你會發現自己屬於何種個性（第一、二、三或四型），瞭解自己尚未發覺的另一面——例如，你有某種傾向與反應的原因。你也能藉此辨識別人的個性，使自己更加瞭解對方，並與他人發展更有意義的關係。

1. 你的個性屬於哪一型

當你做這份選擇題式的個性測驗時，請圈出腦海中最先浮現的答案。跳過較難回答的問題，稍後再回來圈選。如果你需要幫忙，可向朋友與同事請教，看他們會如何代你回答難題。儘量圈選最能代表你想法與行爲的答案。

做完個性測驗後，你很可能會發現自己的個性並非百分之百屬於某種類型。多

第一節
個性測驗，摸清自己的底細

數個性傾向主要屬於某一類型的人，會發現其他個性類型對自己多少有些影響。如果你的測驗結果顯示不只一個類型的得分高，請別擔心，我們也會引導你決定主要個性的類型、特質與缺點。

明白自己的個性類型，你將會更瞭解自我，知道自己的優缺點以及與其他個性類型的差別。千萬不要因爲自己的缺點而感到氣餒，本書會告訴你如何跨越自我能力的極限。

個性測驗

下面測驗中共有四十項形容語的類別，在每項分類內選出一個最能描述你的詞語。做完這份測驗後，請將所圈選的a、b、c、d答案分別加總。得分最多的那個字母即代表你的天生個性類型。

a.膽小的	b.謹慎的	c.表現不佳的	d.畏懼的
a.沒有耐性的	b.陰鬱的	c.消極的	d.衝動的
a.工作為主的	b.誠懇的	c.圓滑的	d.活潑的
a.永遠是對的	b.易內疚的	c.冷淡的	d.不受拘束的
a.獨斷的	b.依賴的	c.親切的	d.好交際的
a.好辯的	b.不切實際的	c.缺乏方向	d.毫無方向
a.自我保護的	b.關心他人的	c.合作的	d.樂觀的
a.當場發怒	b.默默復仇	c.控制怒火	d.避免衝突
a.強勢的	b.審慎的	c.溫和的	d.樂觀的
a.有力人物	b.完美主義的	c.優柔寡斷的	d.自我的
a.漠不關心的	b.批判的	c.令人厭煩的	d.無紀律的
a.愛批評的	b.敏感的	c.害羞的	d.討人厭的

a.負責任的	b.理想主義的	c.體貼的	d.快樂的
a.不圓滑的	b.難以取悅	c.懶惰的	d.愛熱鬧的
a.積極的	b.體諒人的	c.易相處的	d.好享樂的
a.固執的	b.負責任的	c.體諒人的	d.自信的
a.果斷的	b.注意細節的	c.善於聆想	d.善交際
a.固執的	b.有教養的	c.有獨創力的	d.外向的
a.行動派	b.善分析的	c.易相處的	d.無憂的
a.支配的	b.富同情心的	c.寬容的	d.熱情的
a.意志堅強的	b.謙恭的	c.耐心的	d.喜好玩樂的
a.無情的	b.深思熟慮的	c.不熱衷的	d.喜愛炫耀
a.認同的	b.感激	c.尊重	d.讚美
a.果斷的	b.誠實的	c.滿足的	d.有魅力的
a.直接的	b.富創造力的	c.順應環境的	d.喜好表演
a.老謀深算的	b.自以為是的	c.自我批評的	d.散漫的

a.苛求的	b.不寬恕的	c.不受激勵的	d.虛榮的
a.自負的	b.紀律嚴明的	c.令人愉悅的	d.有魅力的
a.積極的	b.沮喪的	c.矛盾的	d.健忘的
a.實際的	b.循規蹈矩的	c.體諒人的	d.自動的
a.冒險	b.創新	c.安全	d.刺激
a.表現佳的	b.正直的	c.自信的	d.從容的
a.果決的	b.忠實的	c.滿足的	d.好享樂的
a.自負的	b.關心他人	c.固執的	d.輕浮的
a.獨立的	b.可靠的	c.鎮定的	d.信任人的
a.講邏輯的	b.情緒化的	c.討人喜歡的	d.受人迎歡的
a.自私的	b.多疑的	c.無自信的	d.天真的
a.專橫的	b.自我批評的	c.不情願的	d.揶揄者
a.專注的	b.審慎的	c.耐心的	d.生氣勃勃的
a.工作為主	b.人際為主	c.避免壓力	d.心胸寬廣

2. 個性類型分析

第一型：主控型

需　求：第一型的人想要做對每件事，朋友或同事的尊敬與認同對他們相當重要。

優點摘要：第一型的人認真投入工作，追求目標與高水準的工作表現。他們喜歡領導別人，對別人的工作水準要求頗高。

缺點摘要：若有人質疑第一型人深信不疑的信念，會讓他們會變得十分沒有安全感；他們非常性急。

第二型：合作型

需　求：第二型的人希望被人瞭解，贏得感激與同事的認同對他們相當重要。

優點摘要：第二型的人認真投入人際關係，樂於助人。他們品性端正，要求別人誠實相待。

缺點摘要：第二型的人自以爲是，很會批判別人，如果別人未達成他們期望，他們不會寬恕；他們很容易沮喪。

第三型：圓滑型

需　求：第三型的人想要獨立、隨意而爲。同事的支持與認同對他們相當重要。

優點摘要：第三型的人耐心待人，事事講求合作，他們是優秀的傳達者；他們尊重權威。

缺點摘要：第三型的人沒有安全感，也會隱藏他們的不安；他們在取悅別人之前，想先讓自己高興起來；他們會畫地自限。

第四型：享樂型

需　求：第四型的人想要討好自己喜愛的人，只要能提供他們追求刺激的機會，就會成爲他們一生的朋友。

優點摘要：第四型的人寬宏大量；他們盡情享受人生，是世界上最樂觀的人；

在人際關係上他們要求信任。

缺點摘要：第四型的人很欣賞目標的目的，但不喜歡設定目標；碰到無趣的情況，他們會變得叛逆。

3. 個性類型特性

眞是可喜可賀！由於完成這份個性測驗，你已發現關於自己的重要事實。你圈選的某字母較多，表示你的個性主要屬於該類型。例如（a）是第一型、（b）是第二型……如果有兩個以上的字母一樣多，你的個性便是混合型。

做這份測驗時，你得從許多與行爲有關的形容詞中選出一個，由於人的行爲由其需求與欲望所決定，你圈選的形容詞便反映出你的內在特質。舉例來說，如果你老是認爲自己是對的，便可能會做出固執武斷的行爲，也就是典型的第一型個性。我們會在第二節逐一討論四大個性類型的行爲特性。以下僅先略述四大個性類型的特性。

第一型是主控型。他們獨斷獨行，難見容於不許他們任意而爲的人；第一型的人喜歡工作，如果給予適當激勵，他們會有極佳的工作表現；他們積極尋求尊重與認同，喜歡掌權，極力追求能讓他們飛黃騰達的管理職位。

第二型是與人合作型。他們想爲他人帶來快樂。他們會爲別人開門，當別人的車子拋錨時，搭載他們一程，並且自願主持公司的慈善會。和別的事情相比，他們渴望別人喜歡並敬重自己。人們對他們表現出大爲賞識的態度，讓他們得其所哉。他們勇於承認自己犯下的錯誤，在尋求諒解的同時，請教金玉良言。第二型的人希望因表現優異而讓人稱羨，並培養出強烈的正義感。

第三型是極力避免衝突的圓滑型。他們喜歡與人合作，因爲此時大家意見一致，可化解衝突。第三型的人強烈渴望喜歡自己，他們很和善，但若別人薄情相待，他們會默默發牛脾氣。他們很快就對親切的人敞開胸懷，卻對帶有敵意的人避之唯恐不及；除非有人請求，否則他們甚少提出意見。

第四型是享樂型。他們是所有個性類型中最快樂的一群，認爲生命一如他們主持的盛大宴會。第四型的人只想成爲目光焦點，不斷尋求讚美。一直都是樂觀派的他們，認爲自己趕得上時代，只願對他們信賴的人吐露恐懼與沮喪。第四型的人相當愛面子，因為受人歡迎是他們的基本需求之一，所以他們認為友誼至上。他們很容易感到厭煩，積極尋找刺激，無法長久安定下來。

4. 激勵的基本原則

就算是資歷最淺、經驗最生嫩的主管也瞭解，希望把事情做好的員工，通常表現得要比不想做事的員工來得好。當員工致力於達成公司目標，幾乎也代表著低曠職率、低流動率與少有其他耗損生產力的行為發生。這也是為什麼各企業將激勵員工視為首要之務的原因。如果你要員工產能更高，想要員工與同事多花點時間與精力在職務上，你就必須找出激勵他們的方法，讓他們更熱衷於工作，更能投入心力達成你想達到的目標。

不論個人的個性如何，大家都有一些一被激發就能提起勁來的前提。雖然每種個性的需求或許有差異，但是所有的個性都有共同的關係。當你想要激勵他人時，多想想這幾個前提，好好運用它們。

人之行為必有原因。每個人都不斷追求所選擇的目標，以此做出行為的準則。

對每個人而言，這種選擇的過程具有指引作用，儘管別人不一定都同意你所選擇的目標。身爲主管的挑戰便是左右你的團隊成員——終極目標是你的公司——去選擇與追求你想要他們達到的目標。

人追求自認對自己有好處的目標。人的行爲都是朝著認爲對自己有好處的目標前進，因此，必須有可以預見的好處，才能激勵他們朝目標邁進。

人必須相信目標是可以達成的。不論目標有多重要，除非大有機會達成，否則多數的人不會大費周章去追求該目標。例如，員工可能幻想當上公司董事長，但是他如果認爲自己的教育程度不夠格達到這個目標，就不會付諸行動。

若目標帶來的好處非己所需，目標的重要性就會降低。若欲達成的目標夾雜著自己不想要的因素——如工作環境或地點，目標的重要性也會改變。例如，你的老闆告訴你，若你達到本季的銷售業績，便可升爲分公司主管；而升至分公司主管一直是你最重要的工作目標之一。但如果你知道這只是個偏遠地區的分公司主管，而你根本不想去偏遠地區工作，那麼這個目標就不再吸引你。

主管扮演重要的角色，主管是目標達成過程中的核心，人們只有受到激勵，才會勇於追求目標；同樣地，如果他們沒有可資追尋的目標，就無法受到激勵。身為主管，必須知道採取何種行動，來影響員工的行為，你的一言一行均會激勵大家達成共同目標的希望。身為主管，你有許多辦法可以幫人加油打氣，安排特訓、採購必要設備或獎勵追求目標的行為，在激勵上都扮演相當重要的作用。

雖然本書的重點是在激勵他人，但是我們應先將焦點集中在自己身上，因為你看待別人的態度很重要。如果你傳達出「我好，你也好」的訊息，那麼你影響別人行為的力量將會大為提升。如果你疑神疑鬼、賣弄權威或是缺乏自信，你激勵別人或自己的力量就會大幅減弱。傳達自己認真工作、是個成功者的正面訊息，使你成為職場中最快成功的人。

第二節　瞭解自己的個性，發掘你的潛力

在第一節，你做了個性測驗，明白自己的主要個性。在你開始運用本書所介紹的激勵技巧與策略前，熟讀、瞭解本章的內容相當重要。你會知道如何迅速看清這四種個性，他們喜歡或討厭的事物，最重要的是，如何激勵他們去做你要他們做的事。本節也會深入討論每種個性的優點與缺點。同時告訴你如何截長補短。

1. 第一型：主控型

主控型個性的人，獨立自主又專斷獨行。如果他們從小在可以操縱父母、兄弟姐妹的環境裡成長，他們年齡愈長就愈專斷。如果這種情形持續不變，第一型的人不太可能根除自小即養成的個性。

第一型的人喜歡工作，以工作爲生命重心，因此容易成爲工作狂。他們受到適

第二節
瞭解自己的個性，發掘你的潛力

當激勵，會將事情辦得妥妥當當，可是他們絕不做毫無興趣或打死也不相信的事情。第一型的人渴望別人認同他們的聰穎，期盼自己那些有條理又實際的想法能夠受人尊重；他們會為深有同感的議題大加辯論，而且對有興趣的事物無所不知。

第一型的人就事論事，很少感情用事，不為情緒爆發所撼動——他們視情緒激動為缺點的暴露。他們喜歡事實，認為自己的意見就是事實的陳述。和第一型的人打交道時，你必須要嚴謹且實際。

第一型的人熱愛刺激大膽的運動，如登山、滑雪與飛行之類，你不時可在設計自己房子或修復古董跑車等大計畫中，見到他們的蹤影。如果你能將他們的精力導入工作相關計畫，他們會在破天荒的時間內完成工作；然而，他們固執又專橫的個性足以讓你大喊吃不消。因為他們喜歡頤指氣使，鮮少顧及別人的感受，所以很難與他們共事。如果他們被人挑釁，會變得十分具有侵略性，不怕當眾發洩情緒。

第一型個性的最大缺點是他們無法與人親近。他們毅然決然要在工作上力求表現，以致常忽略了人際關係。他們若無法改正這個缺點，極端的個性最後會成為破壞公司的殺手，或者難以受雇於他人。第一型的人最先告訴你，他們早年無人援助，自食其力在外謀生，所以他們也不會幫助別人。極端第一型的人不是在結婚後又離了婚，就是不想再婚。

第一型的優點

第一型的支配天性與強勢的主管能力衆所周知，他們是公司裡有權有勢的人，他們重視工作表現，熱衷訂定明確的目標，喜歡位居主管地位；如果他們無法掌控情況，會變得灰心喪氣。他們積極尋找有挑戰性的工作，因爲他們固執的本性，所以不論做什麼事常可以成功；他們天性求表現，所以十分專注於目標，不辭辛勞完成任務；他們渴望表現優異，而衡量成功的標準在於「自己完成多少工作與獲得多少金錢報酬。」

第一型的人不怕向當權者挑戰，並會小心保護自己免遭突如其來的挑戰。因爲他們是行動派，因此堅信除非已經沒有選擇餘地，否則沒有任何情形可以打倒他們。他們很少會讓高層或激烈的競爭嚇得手足無措；他們會義無反顧地追求他們深信不移的目標，如果你要找個團隊主管處理看似不可能完成的職務，請選擇第一型的人，如果他認同你的回報，便會全心全意投入工作。

你若要第一型的人提出忠告，他們會以幾乎無人能駁斥的邏輯方式來表達意見；他們總認為自己是對的。許多第一型的人特別聰明而且果斷，他們想要主導別人的欲望，驅策他們處心積慮尋找能高升到管理高層的機會。

第一型的優點摘要如下：

◆邏輯與巧思高人一等。
◆獨立自主、在競爭下更能成功。
◆是個認真做事的天生領袖人才。
◆善於用言語表達想法。
◆愉快又自信地制定目標。
◆紀律嚴謹，可以很快做出決定。
◆位居權位如魚得水。
◆建議直接了當且迅速。

◆壓力極大仍然處事得宜。
◆自尊心極強。
◆非常可靠。
◆以工作爲優先且認眞專注。

第一型的缺點

自負的第一型雖然自信滿滿，但是常有不安全感；他們爲了彌補不安全感，於是努力獲取他人的認同與瞭解。第一型的人非常害怕不安全感，於是儘量隱藏不讓別人看穿。若第一型的人感到不安而突然離開充滿壓力的會議，你無需感到詫異，如果你質問他們離開會議的原因，他們絕不承認是因爲自己的感情脆弱，反而會跟你說他們之所以離開，是因爲覺得無聊。

第一型的人對別人的問題並不在乎。例如，第一型的主管得知重要員工的父親今天早上去世，他仍會致電到員工家裡問他可不可來上班。第一型的人也不在乎別人的感受，這個缺點也說明了他們可以事業有成，卻難以維持人際關係的原因；隨

第二節

瞭解自己的個性，發掘你的潛力

著時間流逝，強勢的第一型會說服自己不需要感情。

第一型的人很會批評別人，他們對不能勝任的人沒有耐心，毫無效率可言讓他們難以忍受。他們對做不好的人毫不留情，他們期待看到結果，但不會浪費時間提醒別人他們的期待。如果他們擔任主管，便會立刻開除他們認為表現不優秀的人。充斥在他們想法與行為的嚴厲個性，掩飾了他們心中的不安全感，他們會踐踏脆弱的人，不會體諒進度遲緩的人，不論這人是部屬、同事、上司、朋友、配偶或甚至是自己的孩子。

第一型的人為了隱藏自己情感的不安，於是認為自己總是對的，他們從未問過別人自己是否正確，因為他們早已認為自己是對的；如果有證據顯示他們是錯的，他們會當成是別人誤解他們，而對錯誤置之不理。

第一型的人很喜歡與人爭論，只要衝突不會危及他們的自尊。多數的第一型相當固執己見，會費力辯論芝麻小事，就像他們辯論如何為重大計畫籌措財源一樣。他們善辯，卻並不健談；你很少看到他們在出遊時喋喋不休，他們可能只會談論公事。

極端第一型的人難以與人親近，遑論喜歡上別人，這是他們最大的缺點之一。他們下定決心追求優異的工作表現，所以人際關係對他們來說毫無意義。他們的想法這麼極端，不想和他們交往的人大可不去理會他們，所以他們在公司內被委以必須獨立作業的職務。

第一型的缺點總結如下：

- ◆自私自利，即使自己做錯也認爲自己永遠是對的。
- ◆對別人的感受毫不在乎。
- ◆若有需要，不惜製造混亂與衝突。
- ◆先批評別人，而非自己。
- ◆將不幸怪到別人頭上，而非負起責任。
- ◆不喜歡被人指使，挑戰上級。
- ◆競爭心強烈，有時讓他們無法看得遠。
- ◆認爲工作比人際關係更重要。

◆自以為是，威風凜凜而自負狂妄。

激勵第一型的技巧

第一型的人在許多方面是四種個性中最容易激勵的人，他們直接、果斷、意志堅強，是生產力非常高的性格。他們以工作為主，認為不需要花時間搞親密關係，亦無須憐憫別人。

如果你賦予他們主管之位，便能立即啓動他們的衝勁，最起碼，你獲取他們的注意了。如果你居於下屬，想要激勵第一型的上司，就要使他明白，你想要從事的新職務有助於他升職或受到肯定，而你是唯一辦得到的人。

相互尊重也是激勵第一型的方法。若你想要和第一型的人建立長久的關係，你必須獲得他的尊重；這點相當重要，特別當你是第一型的人而又要激勵另一位第一型的人。兩個第一型的人均認定自己的方法最棒而且互不相讓的時候，他們要怎麼做才能成功呢？如果你受他的尊重，他很可能會採納你的意見，因而相互合作。

第一型的專注時間很短，如果你想激勵他們，需要特別的辦法。當你和他們交談時，應該直接、簡明且具體，有條不紊地提出你的問題，適當之時，你可給予和你交手的第一型主管機會。如果你需要他不斷的幫忙，可以利用第一型的果斷與理性來打動他們，用事實與資料證實你的說詞。同時謹記，第一型並不是善於聽取意見的人，當他們聽你說話時，他們會選擇性地只聽他們贊成的部分；如果你的激勵辦法必須批評他們時，請一針見血，否則一旦他們發現你想要指出他們所犯錯誤，或是想改變他們的行爲，他們根本聽不進你的話。

不要在人前讓第一型的人難堪、做人身攻擊或情緒激動地與他們爭執。如果你這麼做，你很快會失去他們的尊重，他們不再願意與你共事。當你和第一型的屬下相處時，永遠用命令的方法；面對衝突時，千萬不要優柔寡斷。先聽完他們要說的話，再提出你的意見；若有可能，在你提出其他辦法前，讓他們主動懇求你提供意見。

第一型的人要求有權掌控自己的生活，他們既不喜歡也不尊重想要支配他們命運的人。如果你想要激勵第一型的人接下某項計畫，即使你是他的上司，也要表現得就像一切操之在他。在上司—屬下的關係中，你可以這樣說：「蘇珊，我很需要一位有妳這樣資格的人來接這份重要的工作。妳有沒有任何建議呢？」另一種說法：「蘇珊，我有個工作要給妳做，來我的辦公室，我會告訴妳細節。」第二種說法會惹惱第一型的人，他們可能會花兩倍的時間來完成這份工作，而且會伺機報復你。若你想要激勵第一型的人，賣弄權威與爭論衝突只是浪費時間而已。

第一型的人因爲本身沒有過多的情緒垃圾而獲益。一旦他們覺得衝勁十足，不需感情輔助就能做好事情。他們喜歡設定目標，會鞭策團隊每位成員也要表現優異；而上司只需要交代第一型的人工作截止時間，他們便會通盤瞭解工作好讓事情如期完成，你只要記得不斷讚美他們的聰敏就好了。

激勵第一型的技巧總結如下：

◆給予他們想要的挑戰。
◆第一型的人基本上很自私。請他們把事情做好，要給予報酬與獎金。
◆第一型的人內心隱藏不安全感，因此不要談到他們的失敗。
◆利用他們所做所爲均要表現優異的欲望來打動他們。

◆條理分明地對第一型的人說明待辦事項。
◆如果你想要讓第一型的人解決人際衝突，請先記得他們是沒有感覺的一群。你要以理性而非訴諸感情來打動他們。
◆第一型的人沒有耐性，因此你必須很快進入主題以抓住他們的注意力。
◆注意不要違背第一型的人，他們難以寬恕別人。

2. 第二型：合作型

在所有個性中，第二型的人是最容易共事的。他們對人很好，積極找尋犧牲自我的機會，只想帶給別人快樂。他們可能是那群會爲別人開門、載別人一程、自願主持公司慈善會的人。與其他事相比，第二型的人更想要受別人感激，爲了改善重要的人際關係，會不惜犧牲自我的職業生涯目標。

第二型的人重視創造力、承諾的關係與經歷磨鍊的成就，對於他們信賴的人忠實得不得了。他們需要別人傾聽他們說話並瞭解他們，因爲他們希望被人瞭解，所以常會表露自己的脆弱，也因此，他們若遭到別人的訕笑，會很容易生氣。第二型的人讓自己的行爲模式來引導他們做出正確的決定——包括工作時與下班後。

他們十分正直，寧願吃虧也不願偷雞摸狗。他們相當固執，這是因爲他們通常感情用事而不理智，雖然他們謀略時相當理性，但是受到個性情緒面的影響很大。

第二型的人認爲生命就像一把雙刃刀。正面來說，他們體諒別人；負面來說，他們相當情緒化，以致感情用事失去判斷力。因此第二型的人於公於私都可能情感受傷與意志消沉。舉例言之，極端的第二型可能對突如其來的公司裁員而勃然大怒道：「我恨這家公司與造成裁員的人，他們沒有解雇我，讓我氣極了，我要怎麼向被解雇的朋友解釋？」才剛說完，機警的第二型馬上就回復理性，瞭解到他可能已決定了自己的命運。第二型的人會很快想辦法化解剛才說話所造成的殺傷力，並且爲自己發脾氣道歉，再次顯示對公司的忠誠。

在第二型的人際關係中，他們享受被愛，也熱愛喜愛他們的人，如果他們信任你，把你看做他們的朋友，他們會爲你赴湯蹈火。他們很少錯過重要生日、結婚紀念日，或是他們在乎的人別具意義的大事，這些是他們最大的優點。他們喜歡與人交往，願意犧牲私利以保全人際關係，因此他們較易發展一生的關係，無論逆境或順境都對朋友忠實。

第二型的優點

如果你走進第二型人的辦公室，你可能會看到一個以粗體大字寫成的標語，精緻的裱框掛在牆上，寫著：「若工作值得一做，則值得好好去做。」自律是第二型個性的重要部分。第二型的人若受到獎勵會衝勁十足，而且他們喜歡將獎狀掛滿牆壁。他們經常尋找琢磨才能的機會，若置身於能發揮所長的複雜計畫中，亦無所畏懼，他們的自信爲生活帶來穩定與秩序；他們踏實、穩定的個性是主管倚重他們的原因。他們喜歡待在有安全感的工作環境，若有適當的激勵，他們會全力以赴。

第二型的人喜歡人際關係，多爲別人著想，而且多數品性端正。他們喜歡幫助朋友，因爲他們天生認爲生命不僅只著眼於金錢與工作表現。他們很快接受公司的政策、運作模式與權力，因爲他們認爲任何組織爲了運作得宜，都需要系統與紀律，因此他們有強烈的工作倫理，很少在茶水間消磨時間或涉及無建設性的活動。如果他們看見同事打混摸魚，不會公然嘲笑他們，而是請他們趕緊回到工作崗位。

第二型的人認眞、規律地體驗生活。他們欣賞生命中的美好事物，如親密關係、創新成就而非物質享受。第二型的人在創意十足的部門內工作，會熱衷於能振奮人心的體驗，例如團隊合作共同解決難題，並且在能運用他們創意的地方盡情發揮所長。若他們相信生命有目標，便精神飽滿，而且會犧牲個人短期的目標——如金錢，以換取成功。

第二型人的特徵便是忠實與眞誠，而且他們會致力於增進人際關係。第二型的人在聽完別人訴說後，才會提供符合雙方目標的最佳辦法，因此他們期望別人能相同對待。他們接納權威，即使事情偏離他們認爲應走的方向。總之，第二型的人在公司或人際關係上常是和事佬，這都要歸因於他們注重人際關係的個性。

第二型的優點總結如下：

◆目標深遠的高成就者。

◆紀律嚴明，有進一步行動的明確目標。

◆穩定、可靠、感情忠實。

◆善分析，易於接受別人的想法與建議。
◆尊重權威，暗中幫上司將事情處理妥當。
◆對於信任的朋友永遠忠實。
◆自我犧牲、敏感、感情細膩。

第一型的缺點

第一型的人是嚴以律己的完美主義者，因爲他們害怕能力不足，常會隱藏自己的本事與天份。他們常努力與人溝通，但弄不清楚事情的優先順序。身爲他們的主管，難題就是確定他們有何期望以及如何讓他們擁有衝勁；即使你找出他們的期望，他們也可能不切實際，以致難以達成目標。第一型的人常常模稜兩可，不會明說自己想要什麼。不少主管在與第一型的人談過後，困惑地搔著頭離開，問道：「他到底要什麼？」

第二型的人具有照顧別人、確保他們不會犯錯的「母性」特質，他們以爲這種照顧行爲受人歡迎，但是實際上，許多人厭惡他們此種行爲；第二型的人難以相信他們的好意沒有被人接受、瞭解。若他們受到對方適當的激勵，彼此的隔閡將會隨之消弭。他們過於敏感，反應常會失去理性，所以要避免惹到具有母性的第二型。

第二型的人若被激怒，也會變得毫不寬恕，因此你只要開口問：「你曾為不喜歡的人工作過嗎？」便很容易辨認出第二型的人來。雖然我們都曾經在討厭的上司底下工作過，但是第二型的人會巨細靡遺地述說他倆不好的關係，還告訴你曾經怎麼報復。憎恨是第二型的人最大的缺點，這與他們牢牢記住討厭的事有關。

第二型的人事事擔心，難以在充滿壓力的工作環境中表現良好。他們杞人憂天的心態讓他們對每件事都感到良心不安，即使錯不在他們。他們因為較情緒化而不理性，所以對於未把工作做好而深為自責。他們較墨守成規，失去洞察力，常覺得自己被人誤解。第二型的人為了彌補缺點，會對受挫的事業或人際關係投注更多的心力，又因為他們渴望發展人際關係，常會犧牲事業的成就。

第二型的缺點總結如下：

◆面對衝突時，可能十分情緒化、自滿、自以為是。

◆堅持原則，不願向他們不喜歡或不尊敬的人妥協。

◆希望別人瞭解他們，在乎他們的感受。
◆若未達到目標，容易沮喪。
◆渴求工作穩定，若工作不穩定會變得極度情緒化。
◆與自己能力相比，易於輕視別人的能力。
◆在失意時會減少公開露臉的機會。

激勵第二型的技巧

第二型的人是難以瞭解、個性複雜的人。他們的個性一方面是優點，另一方面又是缺點，由許多極端的個性所組成。他們敏感、緊張、體諒他人、挑剔、奉獻又不原諒他人。他們夾雜在完美個性要求下的不切實際，與工作表現優異的期待中而無所適從；第二型的人常在要做又怕做不好的情緒中掙扎。激勵第二型的有效方法便是讓他們相信，若他們能從失敗中學習並加以改進的話，失敗不見得不好；提醒他們愛迪生發明燈泡的實驗曾失敗過上萬次，最後才得以成功。

第二型的人以自以爲是的態度來對抗不安全感。他們不像說話不客氣的第一型，而是以懷疑的眼光看待世界，保持沈默，這種習慣助長他們悲觀的態度。「自己」是第二型最致命的敵人，自以爲是的態度掩飾了他們的不安全感；如果他們一直保持這種態度，便會因爲對完美不切實際的憧憬，而讓自己與別人意志消沉。不切實際的期待須被承認或剔除，如此方能順利激勵第二型的人。

第二型的人對惹到他們的人感到氣憤、難以原諒，縱使他們有時會自責造成關係不佳。如果他們居於主管之位，對於自己失去理性與情緒化的行爲常會自責而非責怪別人。爲解決這種情緒障礙，你要讓他們明白他們不能爲世上每個人的問題負責。

激勵第二型的方法總結如下：

◆獎勵第二型的人；他們喜歡牆壁上掛滿獎牌。
◆當機會來臨時，加強他們對安全感的需求。
◆減輕交代他們的工作風險。
◆與第二型交談時，要感情細膩與眞誠。

◆鼓勵他們創新，讓他們有充分的時間整理思緒。
◆除非他們與你充分配合，否則別要求他們立即行動。
◆對他們有所要求前，先獲取他們的信任與尊重。

3. 第三型：圓滑型

第三型的人儘量避免衝突。他們討厭充滿爭論與不安的工作環境，因為心情愉快對他們相當重要。若他們被待以體貼，便會衝勁十足；反之，若被無禮對待，則會默默發牛脾氣。

第三型的人沈默、獨立，若事情不如意，個性會十分頑固。遇到想要以和為貴的第二型主管，很快就會碰到他們消極抵抗的軟釘子。

第三型的人不想受到控制，而且會公然反抗他們認為不尊重他們的主管，他們比人們想像中的難纏。雖然他們重視別人對他們的尊重，卻鮮少故意博取之；在會議中，他們不常發言，除非被要求提出個人意見，否則很少出聲。

第三型的人喜歡照自己的方法做事。他們不會強求別人幫忙，因為他們討厭硬

第二節
瞭解自己的個性，發掘你的潛力

要他們做東做西的人；然而，他們為了相安無事，常會答應不合理或不可能做到的要求。

當他們再也無法忍受被人頤指氣使時，他們會顯露出氣憤與沮喪的樣子；但是他們能夠採納別人的建議，對於能夠解決問題、改善工作情況的相關建議也虛心受教。若他們受鼓勵而表達想法，會是優秀的團隊成員。

第三型的人難以瞭解，因為他們求私利的伎倆如此巧妙，讓你不知道他們到底是受人左右或是左右他人。他們以輕鬆的方法處事，讓人以為他們怡然自得，但是他們內心的感受可能受到恐懼、膽小、懶惰或無能的嚴重影響。因此，你容易低估第三型的能耐，讓他們比其他個性的人更難被激勵。

如果讓第三型的人順其自然的話，他們終其一生都不會自立門戶或擔任領袖之職。第三型的人常將別人當做自己存在的重心，因此他們不必有決心或方向感；他們可能過於依賴某人，以致於不去培養外在興趣或做出脫離關係的承諾。如果上司將第三型人的親近同事調到另一個部門，這可能會讓他深受打擊，明天上司可能就會發現桌上擺著第三型人的調職請求書。

第三型的優點

第三型的人易與人配合，是相當討人喜歡的人。溫和的個性與圓融的交際手腕，讓他們結交到許多忠實的朋友與同事。他們融合所有個性最好的部份，輕鬆地將工作上的問題與煩惱原因迎刃而解。他們一點也不反抗，又很少要求；他們可以完全接納別人的意見，願意從他人身上學習，鼓勵同心協力。他們就像變色龍，能適應他人、與人融合，因此他們享有令人稱羡的和諧個性。他們知道如何正確看待人生問題，具有耐心、包容力，如果受到適當激勵，會不吝給予。

第三型的人常保溫和特質，幾乎對遇到的人都很親切，甚至包括他們不喜歡的人。一旦確信那些優點更能符合要求，他們能全然採納別種個性的優點。第三型的人喜歡關注別人的需求，用盡一切代價討好他們敬愛的人。接受別人原來的個性對他們來說輕而易舉，因爲他們寬宏大量，其他個性的人會主動請教他們的建議。

第三型的優點總結如下：

◆在任何情形下均安靜、考慮周詳、平定與和諧。

◆坦然面對人生的起起落落。
◆與人相處融洽，樂意接納他人想法，因爲他們是絕佳的傾聽者。
◆瞭解訂定目標的重要。
◆樂意採納建議，願意嘗試各種可能性。
◆冷靜面對壓力，情況緊急亦能處理得宜。
◆在官僚環境中工作表現不錯，尊重他人的合理指使。

第三型的缺點

第三型的人缺乏自信，必須不斷地溫和強調他們被人所接納。因爲他們有不安全感，所以不會隨便信任別人，而是將眞實感覺放在內心直到他們信任你爲止。他們喜愛夢想，所以你常常可見他們望著某處發呆，幻想著身處一座浪漫的熱帶島嶼或做些沒啥要緊的事；這項沒有生產力的特質讓他們沒能及時交差。他們不喜歡改變，因爲他們認爲改變是額外的工作。這些缺點成爲管理、激勵第三型的一大挑戰。

因爲他們愛做白日夢，所以搞不清楚眞實世界，是所有個性中最沒有衝勁的人。事實上，在他們建立自己確信不移的目標前，他們全然提不起勁。不過他們常不願意設定目標，因爲他們害怕若無法達成目標，必須面對被質疑的窘境。而當他們眞找到想要達成的目標時，他們會告訴你：「我終於看見一道曙光，我現在知道我要做什麼了！」他們會朝著目標努力不懈，直到找到更好的目標。所以設定目標是激勵第三型的唯一方法。

第三型的人因爲懶惰，所以常是最先錯失良機的人。他們工作慢吞吞，根本不想創紀錄。「靜候的人自有良機到來。」是他們喜歡的座右銘之一。動之以情或許可讓他們暫時有所表現，但他們依賴別人賜予機會，較易浪費時間，不願改變。

第三型的人並不是天生的領袖，很少追求領袖地位，他們身爲部屬更加得心應手，因此將決策留給其他人做。他們不喜歡冒險，尤其當事情可能有不利的結果；他們也不想要爲決定負責，所以會避免做出決定。

第三型的缺點總結如下：

◆對工作厭煩、不專心。

◆沒有自信，不想專心致力，對一切事情均採取守勢。
◆對需要投注心力的目標拿不定主意。
◆害怕衝突，容易受人左右。
◆不能眞實表達感受，讓人誤解。
◆除非有人開口，否則不會出聲交談。
◆採取觀望的態度，而非立即做出決定。
◆設定目標與達成目標之間缺乏一致性。
◆尊重主管階層，但討厭嚴厲的主管。
◆生產力不高，害怕改變，難以激勵。

激勵第三型的技巧

第三型的人輕易被日常生活中的不同問題所擊倒，一件突發的國際戰事便能讓他們轉移對眼前工作的注意力。激勵第三型的最佳方式之一便是耐心聆聽他們關心的事，不論發生什麼事，堅決提醒他們今日須辦妥的事情。若能獲得他們的信任，讓他們坦誠相待，便能成功激勵他們。

第三型人的不安全感，讓他們不願設定、追求目標。在許多情況下，即使他們有目標，也不知道首先該追求哪一個。你可能必須爲第三型的員工設定目標、排定優先順序。成功激勵第三型的秘訣是懇求他們爲你設定的目標奉獻心力。沒有堅決設定目標的話，第三型的人幾乎不可能被激勵起來。

激勵第三型的技巧總結如下：

- ◆和第三型的人溝通時要敏銳但堅定。
- ◆仔細聽取他們所言，尋找言外之意。
- ◆接受他們的個性，給予他們感覺自在的工作環境。
- ◆不斷給予他們立定目標的想法，提供參與的機會。
- ◆經常監控他們工作的進度，適時予以糾正。

4. 第四型：享樂型

第四型的人認爲生命是場盛大的宴會，而他們是目光的焦點。他們將友誼擺在生命的第一位，因爲受歡迎與被認同是他們的基本需求。他們必須不斷受人注意，因爲被讚美而衝勁十足。第四型的人要知道自己受人賞識，對於所做所爲須得到上級完全的贊同。他們表現得好像凡事都在掌控之中，沒有事情困擾他們，因爲他們這種無動於衷的態度，主管可能認爲他們凡事都無所謂。然而，沒有人比第四型更害怕發生不受人歡迎的事情了，因此他們需要上級多加注意與撫慰。開會時，第四型的人喜歡成爲焦點，一有機會，他們會說出別人愛聽的話語；他們喜歡講，讓自己在同儕中看起來面子十足。

第四型的優點

第四型的人天生衝動，喜好冒險。他們不怕做出棘手的決定，時常尋找機會證實生活是刺激動人的。他們是鮮少受繁文縟節或情感問題困擾的偉大觀念家；雖然他們一如其他個性，容易受到負面經驗的影響，但是他們渴求自由，會迅速擺脫不愉快的情緒；他們儘量不聽不好的閒言閒語，但若閒話扯到他們，他們便會要求說的人拿出證據。

因爲第四型的人熱愛生命，人人都喜歡接近他們，即使他們有工作壓力，仍不忘享受生命。

他們一直相信生命最美好的事情尚未到來，這點讓他更有自信。第四型的人容易與各行各業、男女老少打成一片，在所有個性中，他們具有最迷人的風采，像磁鐵般吸引別人靠近自己；在公司的聖誕派對或社交宴會中，你總發現一群人圍在第四型人的身邊。他們無時不刻都在散發魅力，因爲在這過程中，也能爲自己加油打氣。

第四型的人積極幫他人隱惡揚善。他們是人與人以及部門之間團結的關鍵。他們不斷尋找能幫助自己盡情體驗生命的新想法與新關係。此時，他們坦然表達自己的意見，從生命中汲取每個可能性，鼓勵別人亦如此爲之。他們不吝惜提供自己的意見，不論走到哪裡常能散播友誼，在工作上是樂天派。

第四型的優點總結如下：

◆不怕做困難的管理決定。

◆非常樂觀、自信，易於接納他人。
◆將生命視爲享受的經驗，迅速而自動接受富挑戰性的工作。
◆是具有絕佳溝通技巧的自發思想家。
◆會受到大團體的激勵——如工作團隊，願意接受他人指導。
◆執行重要計畫時，會要求他人採取行動與表現。
◆鼓勵他人同心協力與勝出的精力旺盛者。
◆爲了成事願意妥協。

第四型的缺點

一談到工作，第四型是「不太認眞」的人，因爲他們著眼於優質的生活，大膽追求享樂，所以常常不能投入工作。他們最嚴重的缺點之一便是無法長久投入。他們著手的計畫比其他個性的人來得多，但完成的計畫卻最少，這全是因爲他們不喜歡專心投入。他們在工作上很難專心持久地獲得上司的信任，在長期的人際關係中也有類似的問題存在。瞭解自我對每個人而言均是難題，因爲這牽涉到必須清楚瞭解自己個性的全部優缺點，進而想出自我改進的方法。

雖然第四型的人好像樂於自我分析，但他們在眞正開始前便放棄不做了，他們努力制定的自我改進計畫被他們遠遠拋在後頭，享樂永遠優先。

第四型的人不願承擔自我改進的責任，他們認爲這是別人的職責，他們認爲主管有責任確保他們的工作穩定。極端的第四型可能是寄生蟲，會利用縱容他們爲所欲爲的親朋好友。他們是那群會待在你家，靠著你的善心、你的錢包而活的一群人，只要你允許他們爲所欲爲。

這些迷人的人會接受你想激勵他們的好意，但他們未必願意保持衝勁。激勵他們是項挑戰，因爲他們不喜歡伴隨責任而來的壓力。如果事情不如他們的意，他們會怪罪別人，這是他們用以逃避責任的方法之一。善變的性格讓他們覺得固定做某事很無趣，他們喜歡不斷嘗新與追求刺激。

如果第四型的人自認受到不公平待遇，他們會大發雷霆；若問題沒有馬上解決，他們會很沮喪。雖然他們會爬到主管職位，但無法升至決策地位，因爲多數第四型的人對於權力不感興趣。其他個性的人都不像第四型這麼天眞，輕易信任別人，他們易被其他世故、老謀深算的人愚弄，淪爲他人獵物。他們信任每個人，喜歡發展親密關係，會因他人違反承諾而不知所措。

第四型的缺點總結如下：

◆自我中心、不負責任、不可靠。
◆說得天花亂墜，卻沒有實際的行動力。
◆只能短暫面對壓力。
◆不喜歡投入長期目標。
◆話常不經思考就脫口而出，隨意打斷別人。
◆除非目標有趣，不願致力投入。
◆對於嚴肅、敏感的議題喜歡開愚蠢的玩笑。

激勵第四型的技巧

第四型的人自動自發，不放過找樂子的機會。他們追求好玩事物的欲望，讓他們容易接受短期的激勵；你交付的工作若順利完成後附帶有趣的報酬，他們會立即付諸行動。他們愛熱鬧，頒獎晚宴、獎狀或眾人認同是激勵他們的好辦法。他們天資聰穎，喜歡別人稱讚自己的優點。

許多第四型的人想要改變現狀，不過改變需要專注力。如果你能讓第四型的人確信改變所耗費的努力，足以讓他獲得特別的讚賞，你就能瞬間引發他的動力。

激勵第四型的技巧總結如下：

◆對他們永遠保持樂觀。

◆完成既定目標，提供獎勵與認可。

◆讓他們以口頭表達意見，仔細聽他們說些什麼。

◆當你批評他們時，勿太過嚴肅、強烈。

◆定期開會追蹤，全面掌控他們的進度，確保他們做到承諾之事。

5. 混合型個性

如果上述測驗你有兩個以上的個性分數相同，你的個性便屬於混合型。我們全都有不同程度的混合個性，極少人（萬分之一）百分之百屬於某種個性。如果做完測驗後，你仍無法確定自己的主要個性，或者和測驗得分相反，你認爲自己是各占一半的混合型，都沒關係，這僅是意味你的個性特質較難界定。

6. 改進個性中的性格

雖然個性與生俱來，但是年齡漸長，個性便由性格所決定。性格是複雜組成的強力展現，一個人的道德品格決定他的行爲模式。性格展現出一個人的精神力量、自律與不屈不撓的精神。一般來說，性格指的是個性的正面而非負面的特質，它決定你這一生與自我或他人是正面或負面的關係。你的性格隨著年齡增長，由個人計畫與你對生命的用心程度發展而成，一旦性格成型，便不易改變，隨時間增長，就與個性一樣穩定。

性格與個性息息相關，而且性格可以超越天生的個性。例如，第一型的人可能因其性格而忍受不同意見，這種行爲和第一型的個性大不相同；工作狂的第二型也可以暫時放下手邊的工作與同事同樂；不安的第三型接受部門內長期的重要管理職位；不受約束的第四型終於決定結婚了。每個人發揮性格的優點，補充自己主要個性之不足，可以把人生過得更爲美好，因此瞭解性格變得特別有意義。

7. 利用五項基本性格特質，改進天生個性

我們知道性格的養成是經由學習而來，因此就應該運用正面的性格長處，不斷想辦法消除或化解個性上的缺點。利用以下五項基本的性格特質，可以改進天生個性。這五項特質分別是：親密關係、權力、溝通、自尊與承諾。

親密關係

第二、三型的個性容易發展親密關係。他們會受到親密關係的激勵，在私人生活與公事上容易和他人有穩固的情感聯繫。他們會慶祝有助於建立人際關係的時刻。公事上，他們喜歡受人注意，這也是他們喜歡慶祝的主要原因之一。

相反地，第一型的人將人際關係視爲「累贅」，認爲親密關係只會壞事或影響他們對工作的投入；第四型的人對妨礙他們人生享樂的關係不願認眞。但是關係的

培養足以維持長期的動力，沒有親密關係，第一、四型的人只能暫時強打精神，難以達成長期目標。如果你是第一型或第四型的人，請培養和諧的親密關係；第二、三型也要審愼保持親密關係與公事關係之間的平衡。

權力

第一、三型的個性傾向追求權力，費心在關係上維持勢力的平衡。他們在有機會掌權的情況下，會下意識地選擇最好且重要的位置。不過，第一型的人在追求權力方面要比第三型的人積極多了。第一型的人應該培養被動的性格以減緩他們對權力的著迷；第三型的人常運用「以退為進」的方式來取得權力；第二、四型的人常做壁上觀，喜歡在旁靜觀權力爭奪。多數第三型的人已知道如何保持令人愉快的權力平衡；第二、四型應跳出旁觀角色，努力培養有助於追求權位的權力性格。

溝通

溝通方式是很容易隨著後天性格而改變的個性特質。第一型的人較易指揮別人做事，而第二、四型的人比較喜歡用請求的方式。第二、三型向別人求教覺得很自在，但第一、四型的人比較喜歡給予別人意見。第一型的人最喜歡直接、邏輯的溝通方式，但第二型的人比較喜歡軟性、打動人心的溝通方式。第三型的人喜歡坦白、低衝突的溝通方式，而第四型的人喜歡自然的溝通方式。爲了讓溝通最有效率，請培養能隨對方個性調整的溝通方式。

自尊

自尊是喜歡自己的表示，因此是衝勁的重要部分。所有的個性都會在所做所爲中尋找自我滿足與自尊。心理學家認爲第一、四型的自尊要比易於自我批判的第二、三型還高；另一種極端是，第一、四型忙著批評別人，以至少有時間自省，更不要說自我批判了。

表面上，第一型的人是所有個性中最有自信的，但他們也十分沒有安全感；降低第一型人的高度自我期許與減少他們的不安全感，有助於減緩這份不安。另一種極端是，第二、三型的人必須控制容易讓自己沮喪的自我批判傾向；他們應該多專心培養正面的性格。第四型的人容易沉溺在自滿的情緒中，甚至難以察覺他們犯了錯；他們需要注意這種情況，努力培養有助於改進個性的適當自我批判。

承諾

承諾有各種不同的形態。在職場中，第一和三型的人專注於有明確截止日期、能有效完成的目標職務。第二和四型比較關心自己創意的發揮，而非完成特定的工作，因此他們對阻礙創意的事物沒有興趣投入。雖然第二型的人會設定一些目標，但是他們會限定目標的複雜度，以便易於達成。第四型的人如果覺得目標很刺激或者上級強迫他們做的話，他們也會設定目標，但是一旦他們的目標變得無趣，他們會立刻抽身不做。

鼓勵對方追尋對個人深具意義的目標，是激勵中非常重要的一環，因為目標能夠讓人維持高度的衝勁。第一型的人易於設定太多目標以期富有衝勁，但可審慎採納第二型人創意性格的部分。相反地，第二型的人應試著學習第一型人的專注目標，將失敗的恐懼減至最低。第三型的人知道如何設定目標，卻不喜歡努力完成，他們需要專心設定對他們要緊的目標，建立積極完成的時間表，此舉有助於他們全力以赴。第四型的人必須回到原點，學習設定目標是怎麼一回事，以及目標爲什麼在激勵過程中這麼重要。

結論

每種個性有其與衆不同的優缺點，培養自己的性格並瞭解四種個性，你就能對症下藥。當你瞭解自己的個性之後，應該儘量瞭解其他的個性類型，試著欣賞每種個性的優缺點，然後多加研究，才能補強自己個性的天生缺點，大大增進你的人際關係。不論你是將要任職的人，或只是想瞭解親子關係，認同、欣賞並瞭解所有個性的能力，是讓你終生受用不盡的資產。

激勵故事：案頭放一把沙

大學畢業後，我到一家外商公司上班。我的工作有點像秘書，但大家都叫我「助理」。

從大學裡一個出風頭的領袖人物，竟成為別人的「助理」，我很難受，特別是什麼老張小李，動不動就叫我去打雜時，我就有無名火，覺得很沒尊嚴，我又不是奴才，憑什麼指揮我做這個又做那個。

不過，事後冷靜一想，他們並沒有錯，我的工作就是這些。剛進公司時，王經理雖然已經事先對我說過工作內容，但我還是不太能適應，有時咬牙切齒地做完某事，又要笑容可掬地向差遣我的人說：「我做好了！」有幾次還與同事爭吵起來。從此以後，我的日子更不好過了，孤傲不成，倒是成了孤獨。

這天，女秘書小芬不在，王經理便點名叫我到他辦公室去整理辦公桌，並為他煮一杯咖啡。

我硬著頭皮去了，王經理一眼就看出我的不滿，一針見血地指出：「你覺得很委屈是不是？你有才華，這點我信，但你必須從頭做起！」

我心裡一驚，他竟知道我的想法！我笑了笑，表示感謝。他叫我先坐下來，聊聊近況。但我身旁沒有椅子呀！我總不能與他並排坐在雙人沙發上吧？他到底在開什麼玩笑？

這時，王經理意有所指地說：「心懷不滿的人，永遠找不到一把舒適的椅子。」

難得見到他如此親切慈祥的樣子，我放鬆了許多。原來，他不像一個「剝削者」，反而更像我的一個合作夥伴，只不過他是長輩，我必須尊重他。

手忙腳亂地弄好一杯咖啡後，我開始整理他老人家的桌子，其中有一盆黃沙，細細的，柔柔的，泛著一種陽光般的色澤。我覺得奇怪，這沙做什麼用呢？又不種仙人掌，這人眞怪！

王經理似乎看出我的心思，伸手抓了一把沙，握拳，黃沙從指縫間滑落，很美！他神秘一笑：「小羅，你以爲只有你心情不好、有脾氣，其實，我跟你一樣，但我已學會控制情緒……」

原來，那一盆沙是用來消氣的。這是他一位研究心理學的朋友送的，每次他想發火時，可以抓抓沙子，它會舒緩一個人緊張激動的情緒。這個禮物已伴他從青年走向中年，也教他從一個魯莽的少年，成長爲一名穩重、老練、理性的管理者。王經理說：「先學會管理自己的情緒，才會管理好其他的人」。

我的心一下子開朗許多，忍不住抓了一把那黃金般的沙子。

激勵故事：賣梳子給和尚

有一家績效相當好的大公司，決定進一步擴大經營規模，高薪招聘行銷主管。徵人啓事一打出來，報名者雲集。面對衆多應徵者，公司爲了選拔出高素質的行銷人員，出了一道實務題：想辦法把木梳賣給和尚。絕大多數應徵者感到困惑不解，甚至憤怒：出家人剃度爲僧，要木梳有何用？豈不是神經錯亂！不一會兒，應徵者接連拂袖而去，最後只剩下三個應徵者：小尹、小石和小錢。主考官對這三人交代：「以十日爲限，屆時請各位向我報告銷售成果。」

十日期到，主考官問小尹賣出多少。小伊答：「一把。」「怎麼賣的？」

小尹講述了歷盡的辛苦，以及受到和尚責罵和追打的委屈。好在下山途中遇到一個小和尚，一邊曬著太陽一邊使勁抓著又髒又厚的頭皮。小尹靈機一動，趕忙遞上木梳，小和尚用後滿心歡喜，於是買下一把。

負責人又問小石：「賣出多少？」答：「十把。」「怎麼賣的？」

小石說他去了一座名山古寺。由於山高風大，進香者的頭髮都被吹亂了。小石找到了寺院的住持說：「蓬頭垢面是對佛的不敬。應在每座廟的香案前放把木梳，供善男信女梳理鬢髮。」住持採納了小石的建議。那山共有十座廟，於是買下十把木梳。

負責人又問小錢：「賣出多少？」答：「一千把。」負責人驚問：「怎麼賣的？」

小錢說他到一個頗具盛名、香火極旺的深山寶剎，朝聖者如雲，施主絡繹不絕。小錢對住持說：「凡來進香朝拜者，都有一顆虔誠的心，寶剎應有所回贈，以做紀念，保佑其平安吉祥，鼓勵其多做善事。我有一批木梳，可先刻上『積善梳』三個字，然後便可用來結緣。」住持大喜，立即買下一千把木梳，並請小錢小住幾天，共同出席了首次贈送「積善梳」的儀式。得到「積善梳」的施主和香客，十分高興，一傳十，十傳百，朝聖者更多，香火也更旺。這還不算完，好戲跟在後頭。住持希望小錢再多賣一些不同等級的木梳，以便分別贈給各種類型的施主與香客。木梳賣給和尚，聽起來荒誕不經。但梳子除了梳頭的實用功能，有無別的附加功能呢？在別人認爲不可能的地方開發出新的可能，才是眞正的高手！

第二天 自我激勵，爲自己加油

第一天，我們透過瞭解自己的個性，學習到激勵會因個性而異。接下來的第二天，我們要學習激勵首先從自我做起。

的確，一個自信、自強並且善於自我激勵的人，才能夠真正掌握激勵他人的藝術。

不論你的目標如何，瞭解自己的本性與需求是很重要的。你的目標必須有一連串的計畫來配合完成，只要你激勵自己，計畫便能付諸實行。

自我激勵確保你的表現，讓你朝著重大目標努力。快學會自我激勵，為自己加油吧！

第一節　建立自信　激勵自我

1. 編一本自己的心理辭典

要學會自我激勵，首先要學會自信；要學會自信，首先就要學會給自己編一本屬於自己的心理辭典。

其實，每個人都有一本心理辭典，即，自己內心對生活、人格等重要品質的定義和認識，如自信、獨立、責任、勇敢、友誼等。每個人對這些辭彙的理解，決定了著他們的生活態度、生活取向和生活方式。

爲什麼有些人越活越糟糕？因爲這些人的心理辭典中，全是些消極錯誤的定義。爲什麼有些人越活越糊塗？因爲他們的心理辭典就是模模糊糊、含混不清。

曉雲是位大學生，家住農村的她來到大都市上學後，常常因爲自己家裡的經濟能力比不上都市的學生而感到自卑。她怕別人看不起自己，就裝模作樣，把父母辛辛苦苦掙來的一點錢，用來買高級化妝品和衣服，請同學上館子，甚至表現得很

第一節
建立自信，激勵自我

「大方」地借錢給他人。曉雲日益捉襟見肘，但是在心理上她並沒有自信起來，反而有愈活愈累的感覺。

曉雲後來求助心理醫生。醫生建議她編一本自己的心理辭典，對生活和人格中的許多重要品質下準確的定義，據此來指導自己的生活。

醫生建議她不妨就從「自信」這個詞開始。他告訴曉雲，因爲怕別人看不起自己而故意「裝闊」的行爲，顯示了內心對「自信」的定義錯誤。自信是相信自己的內在價值，自己看得起自己，而不是怕他人的非議，特別是渴望他人認可一些外在的條件。曉雲領悟後，漸漸活得自在，人也放鬆而踏實了。

過了一陣子，曉雲對心理醫生說，自信就等於外向，而自己在班裡顯得過於內向，在公衆場合下不敢大膽發言，與人交談言語不多，還特別會臉紅。爲改變自己內向的性格，她故意裝得很外向，和同學大聲地說笑，大談特聊她並不擅長的話題，甚至有一次和男生比賽喝酒。但這樣做之後，曉雲仍無法感到自信，只覺得內心愈加空虛，對自己更加茫然了。

心理醫生又對曉雲分析道，自信並不是某種固定的外在形式，而是一種內在的品質。自信並不等於能說會道，內向也不等於自卑。只有懼怕失敗與否定、自我封閉、拒絕與別人交往、沒有自己人生優勢的內向，才是自卑的表現。如果妳不否定自己，不否定自己的內向，接納自己，踏實地在學業上努力，眞實友好地做人，多多培養生活中的愛好與情趣，提高自己不怕失敗、不怕否定的心理承受能力，漸漸地就會開朗起來。只是在外在形式上裝得很自信，而此種行爲的動機正是出於對自我的否定，那麼妳能眞正自信起來嗎？

曉雲聽後眉宇舒展開了：「我懂了，自信是對自己保有一種基本的自我接受、自我接納的人生態度。」

又過了半年，曉雲發現班上許多女生都談起戀愛，自己卻沒有得到任何男生的青睞，於是認定是自己的相貌比不過班上所有的女生，她又爲此自卑起來。

對此，心理醫生向曉雲指出，自信是一種穩定的、內在的人格品質，它是不需要互相比較的。如果某個人在某個團體中，因爲某個外在指標如相貌、金錢、分數，處於領先優勢的地位，而獲得了自信，那麼當他在另一個群體中，喪失了這種優勢後，又該如何是好呢？

第一節
建立自信，激勵自我

「人外有人，天外有天」，如果我們的自信是透過將別人比下去、壓下去而獲得的，那麼這種自信是暫時的、脆弱的、不穩定的。心理醫生告訴曉雲她自己其實有很多的人生優勢，也有很多的優點，如努力、踏實、眞誠、友善、聰慧、善解人意等，如果將之發揚光大，她也會顯示出自己獨特的魅力。

從此以後，曉雲對自信有了客觀且全面性的認識，她的人生也在不斷蛻變，最終獲得質變。她學業成績優秀，多次獲得獎學金；她體育運動成績突出，被選拔參加校隊；她和同學關係友好，在同學中頗有人緣。畢業後她找到了一份好工作，如今又有了一位情投意合的男友。

看來，對於那些想全面提升自己人格和心理品質的人，爲自己編一本心理辭典不失爲有效的心理訓練方式。

你可以選擇一些自己想提升的人格、心理品質，或是人生和生活中的重要條件，如自信、樂觀、責任、勇敢、友誼、熱情、聰明、獨立、果斷、自主等，一一羅列在一本冊子上，然後根據你的理解，分別給這些辭彙下定義。隨時補充、修正、完善這些辭彙的定義。

這一工作可透過下述三種過程完成：透過自己的生活實踐；看書學習；與人交流，向人請教學習。

重複上述工作，直到你對所下的定義感到滿意和完善爲止。

身爲對未來懷有夢想的年輕人，我們應該儘快建立起一本這樣的心理辭典。它將是一本我們獲取成功與幸福的人生指南。

2. 情緒樂觀天地寬

有一個人進入冷藏室後，被無意關在裡頭，他極度緊張，愈想愈怕，愈怕愈冷，最後被「凍」得縮成一團，竟在驚恐中死去。可是當時電源壓根兒就沒有打開，冷藏室的溫度並沒有冷到凍死人的程度，那麼這個人是怎麼被「凍」死的呢？這就是「心理暗示」的結果。他老想著「我快要死了」，一遍一遍地「自我暗示」，結果導致死亡。

所謂「自我暗示」，從心理學角度講，就是個人透過語言、形象、想像等方式，對自身施加影響的心理過程。這種自我暗示，常常會在不知不覺之中對自己的

第一節
建立自信，激勵自我

意志、生理狀態產生影響。

對於病人來說，積極的自我暗示，會使人有戰勝疾病的信心，建立良好的心境，從而有益於病情的穩定和症狀的消除。而消極的自我暗示，會破壞和干擾人的正常心理和生理狀態，導致體內各種器官功能紊亂，抗病力降低。

有一位朋友懷疑自己得了癌症，整天愁眉苦臉，焦躁不安，吃不下飯，睡不好覺，一舉一動都像個「癌症」患者，不到十天體重掉了十多斤。後來經多家醫院檢查，完全排除了患癌症的可能，他竟自動恢復了健康。

相反的，有一位老人家被醫院確診爲結腸癌，他並沒有把這個病太當回事，覺得人活百歲總有一死，能多活一天就是勝利。他堅信「兩軍相遇勇者勝」，於是不斷地進行自我暗示：「只要自己精神不垮，就能戰勝癌症這個敵人，一天天好起來。」吃藥時他說：「這藥很好，吃了一定有效果。」走路時想著：「生命在於運動。」這樣長期堅持自我心理暗示，漸漸對身心產生了良好的作用，十多年來不但病情穩定，而且症狀消失，讓他對身體的康復越來越充滿信心。

「自我暗示療法」是由法國醫師庫艾於一九二〇年首創的。他有一句名言：

「我每天在各方面都變得越來越好。」他讓病人不斷重複這句話，許多病人因此康復。暗示療法實際上就是要病人擁有好心情，要有樂觀的情緒和戰勝疾病的信心。古人說：「情急百病增，情舒百病除。」說的就是這個道理。

美國新奧爾良的奧施德納診所做過統計，發現在連續求診而入院的病人中，因情緒不好而致病者占七十六％。也就是說，情緒主健康沉浮，凡事往好的方面想，自然能戰勝疾病。

3. 用快樂填充自己的生活

後人經常會提到愛迪生，說他在為人類尋找光明的時候，曾經有過一萬多次的失敗，這其實都是引用這個事例的人主觀的看法。愛迪生自己並不這樣想。有記者曾經就他發明電燈泡一例，用常人的看法問他，愛迪生回答說，我哪裡是失敗了一萬多次？我是成功地找到了一萬多種不適用做燈泡的材料。由此不難理解，愛迪生在他的發明生涯找到的，是探索的樂趣，是挑戰的樂趣，是不斷提出問題、解決問題的樂趣，因而他的工作是在投入與專注之中進行的，他在他的發明世界裡享受的

第一節
建立自信，激勵自我

快樂，是一般人不曾感覺和享受的。

我們知道，鮮花和掌聲營造的只是一種氣氛，而幸福和快樂只是一種感覺，世界上的許多事情都與人們對待事物的態度以及心境有關。不同的人在同一時間做同一件事，會有不同的感受。有的人感到有意思，有的人感到沒意思；有人感到很快樂，有人感到很痛苦。其實你只要永遠保持一種快樂的態度和心境，就會處於快樂之中，因爲我們每天都生活在一個有陽光、有風景、有歌聲、有歡呼、有掌聲、有鮮花、有美酒的天地之間！

你能說當一個人很平凡地走過了他的人生旅程，不算是一種成功嗎？

有這樣一位母親，她有三個孩子。由於諸多原因，她本人沒有讀多少書，當然也談不上有什麼學識了。她每天的工作就是以孩子們爲中心，照顧他們吃喝，服侍他們穿戴，接送他們上學。就這樣日復一日、月復一月、年復一年，孩子們一天天長大了，而她自己也一天天衰老，然而她的心裡比誰都高興、甜蜜和驕傲，因爲她的三個孩子都學有所成。

她說她高興的是平日的點滴付出，圓了自己的夢想，她就是希望子女們都能成爲有學識的人；她說她感到甜蜜的是，三個子女都很體貼；她說她驕傲的是，在她的愛心、孩子們的決心和師長的關心下，三個孩子成爲有用的人才。

一家大公司的總經理談他的成功經驗時說：「我其實沒有什麼不凡的經驗。到今天爲止，四十多年來，我每天做的都是很平常的事情。每天我都按計劃做該做的事，一件做完了，接著再做下一件。走到今天，應該說我對自己還是滿意的，因爲我計畫中的目標都實現了。我有自己的房子、車子、公司，最近又把父母接到身邊，我平實地走了過來。我對生活充滿熱愛，我在生活中學會了付出，而生活給了我許多的回報。」

常言說得好：「天下無大事！」因爲所有的大事都是由小事構成的。那些偉大的科學家們，比如居里夫人，她的偉大發明難道與她每天洗瀝青渣、做實驗、記錄資料毫無關係嗎？

因此，我們應當用鮮花鋪滿自己心靈的春天，用快樂填充自己平常的生活，一步一腳印地走，每一個腳印都是一首成功的歌！

4. 保持自我，不要盲從

這個世界的每個人都是獨一無二的，你就是你，無須按照別人的眼光和標準來評判甚至約束自己；你無須總是效仿別人，重要的是保持自我的本色，做真正的自己。

我們每個人的生活面貌都是由自己塑造而成的，如果能學會接受自己，看清自己的長處，明白自己的短處，便能踏穩腳步，達到目標，也就不至於浪費許多時間與精力。發現自我，秉持本色，這是一個人平安快樂的要訣。

不能保持自己的本來面目，這一問題自古皆然。詹姆士．基爾奇博士認爲，這是人性叢林中的一種普遍現象，也是人之所以失去自我，淪爲精神衰弱症、精神異常或精神錯亂的根源。曾對兒童教育問題寫過十多本書和上千篇報導的安格羅．派屈說道：「當理想中的自我與現實的自我不一致時，就是一種不幸。」

美國成功學專家戴爾．卡內基就這一問題請教過保羅．波恩頓——石油公司的人事主管，他曾對六萬多個求職者進行過面試，並且寫了一本《求職六訣》。他認爲：「求職者通常犯下的最大錯誤，就是不能秉持本色。他們總是揣測對方期望得到什麼樣的答案，而不是直截了當地講出自己的想法。但這就錯了，誰會要一個貨不眞、價不實的用品呢？」

培養健全的心態，它將帶給你平安、快樂與自由。如果你想讓自己平安快樂，請記住：保持自我本色，不要盲目效仿。

5. 善於化悲觀為樂觀

「思維心理學」大師史力民博士指出：「樂觀是成功的一大要訣。」他說，失敗者通常有一個悲觀的「解釋事物的方式」，即，悲觀者遇到挫折時，總會在心裡對自己說：「生命就是這麼無奈，努力也是徒然。」由於常常用這種悲觀的方式解釋事物，無意中就喪失鬥志，不思進取了。

史力民博士師承行爲學派，他還說，人類的所有行爲，無論樂觀還是悲觀，都是「學」來的。因而悲觀者的悲觀性格，並非「命中註定」，而是「後天養成」的。悲觀者可以學成樂觀，而化悲觀爲樂觀的三個原則，人人都有必要學習。

第一、不要擴大事態。如果你做一樁生意失敗了，不要說：「所有生意都難做，以後還是別做了。」你要對自己說：「這一樁生意失敗了。我學到些什麼呢？我下一次應該怎樣才能避免犯同樣的錯誤呢？」

第二、不要混淆「人」與「事」。當一件事失敗的時候，不要說：「我是失敗者。」這樣你便將「事」與「人」混淆了。你要對自己說：「我做這件事總有不當的地方，才出了這麼大的錯。我下次該怎樣做才適當？」

第三、不要誇大時間。當你有不如意時，切勿對自己說：「我時時都是倒楣的。」這是不可能的！你要對自己說：「我做事常不大如意，到底原因何在？」

當你立志改變灰色的人生觀，樹立光明的人生，成功與健康便不再是由「命運」所操縱了，因為你自己就是「造命人」。

請記住，「健從我心生，康從我心造，財由我心聚，富由我心創。」

6. 做情緒的主人

大多數人都有過受累於情緒的經驗，似乎煩惱、壓抑、失落甚至痛苦總是接二連三地襲來，於是頻頻抱怨生活對自己不公平，企盼某一天歡樂從天降臨。其實喜

第二天
自我激勵，為自己加油

怒哀樂是人之常情，想讓自己生活中全然沒有一點煩心之事幾乎是不可能的，關鍵是如何有效地調整自己的情緒，做生活和情緒的主人。

許多人都懂得要做情緒的主人這個道理，但遇到實際問題總是知難而退：「控制情緒實在是太難了。」言下之意就是：我是無法控制情緒的。別小看這些自我否定的話，這是一種嚴重的不良暗示，它真的可以毀滅你的意志，使人喪失戰勝自我的決心。

還有的人習慣於抱怨生活，「沒有人比我更倒楣，生活對我太不公平了」。他在抱怨聲中得到了片刻的安慰和解脫，「這個問題怪生活而不怪我」。結果卻因小失大，讓自己無形中忽略了主宰生活的職責。所以要改變身處逆境的態度，用開放性的語氣對自己堅定地說：「我一定能走出情緒的低潮，現在就讓我來試一試！」這樣，你的自主性就會被啓動，沿著它走下去就是一番嶄新的天地，你也會成爲自己情緒的主人。

輸入自我控制的意識是駕馭自己的關鍵第一步。曾經有個國中生，不會控制自己的情緒，常常和同學爭吵，老師說他沒有涵養，他還不服氣，甚至和老師爭執，

第一節
建立自信，激勵自我

老師沒有動怒，而是拿出辭典逐字逐句解釋給他聽，並列舉了身邊大量的例子，國中生嘴上沒說，卻早已心悅誠服。從此，他有了自我控制的意識，經常提醒自己，主動調整情緒，注意自己的言行。就在這種潛移默化中，他擁有健康而成熟的情緒。

其實，調整、控制情緒並沒有你想像的那麼難，只要掌握一些正確的方法，就可以很有效地駕馭自己。在眾多調整情緒的方法中，你可以先學一下「情緒轉移法」，即暫時避開不良刺激，把注意力、精力和興趣投入到另一項活動中，以減輕不良情緒對自己的衝擊。

一個高考落榜的朋友，看到同學接到錄取通知時深感失落，但她沒有讓自己沉浸在這種不良情緒中，而是幽默地告別好友：「我要去避難了。」說著出門旅遊去。風景如畫的大自然深深吸引了她，遼闊的海洋滌去了她心中的積鬱，情緒平穩了，心胸開闊了，她又以良好的心態走進生活，面對現實。

有助於轉移注意力的活動很多，你最好是根據自己的興趣愛好，以及外界事物對你的吸引力來選擇，如各種文化活動、向親朋好友傾訴、閱讀研究、琴棋書畫等。總之，將情緒轉移到這些事情上，儘量避免不良情緒的強烈撞擊，減少心理創傷，也有利於情緒的及時穩定。

轉移情緒的關鍵是要主動而及時，不要讓自己在消極情緒中沉溺太久，立刻行動起來，你會發現自己完全可以戰勝情緒，也唯有自己可以擔此重任。

第二節　重塑理想的自我

1. 戰勝自卑的方案

自卑是自我激勵的大敵，也是眞正掌握激勵藝術時，必須突破的一大障礙。一個自卑的人不可能大膽而勇敢的鼓勵別人，因此我們必須徹底克服自卑。

全面瞭解自己，正確評價自己

你不妨將自己的興趣、嗜好、能力和特長全部列出來，哪怕是很細微的事項也不要忽略。然後再和其他同齡人做比較。透過全面、清晰地看待自身情況和外部世界，認識到凡人都不可能十全十美，人的價値主要體現在透過自己的努力，達到力所能及的目標。對自己的弱項和失敗都抱持理智態度，既不自欺欺人，又不看得過於嚴重，以積極態度應對現實，讓自卑的種子失去成長的溫床。

轉移注意力

一個人既不可能十全十美，也不可能一無是處。不要老關注自己的弱項和失敗，應將注意力和精力轉移到自己最感興趣、也最擅長的事情上去，從中獲得的樂趣與成就感將強化你的自信，驅散你自卑的陰影，緩解你的心理壓力和緊張。

對自己的自卑進行心理分析

這種方法可在心理醫生的協助下進行。具體做法就是透過自由聯想和對早期經歷的回憶，分析找出導致自卑心態的深層原因，讓自己明白自卑情結是因爲某些早期經歷而形成，並已深入潛意識，一直在影響著自己的心態，而其實這樣的自卑感是建立在虛幻的基礎上，與自己的現實情況無關，所以是沒有必要在意的。這樣可以協助妳從根本上瓦解自卑情結。

用行動證明自己的能力與價值

其實，看一個人有沒有價值，根本用不著進行什麼深奧的思考，也用不著問別人。有人需要你，你就有價值；你能做事，你就有價值；你能做成多大的事，你就有多大的價值。因此，你可先選擇一件自己較有把握也較有意義的事情去做，做成

第二節
重塑理想的自我

之後，再去找一個目標。這樣，你可以不斷收穫成功的喜悅，又在成功的喜悅中不斷走向更高的目標。每一次成功都將強化你的自信心，弱化你的自卑感，一連串的成功則會鞏固你的自信心。當你切切實實感覺到自己能做好一些事情時，你還有什麼理由懷疑自己的價值呢？

從另一個方面彌補自己的弱點

一個人有著多方面的才能，社會的需求和分工更是紛雜。一個人在某方面有缺陷，大可從另一方面謀求發展。一個身材矮小或過於肥胖的人，可能當不成模特兒，可是世界上對身材沒有苛刻要求的工作多得是。一個人只要心態積極，對自己揚長避短，將自己的某種缺陷轉化爲自強不息的推動力量，也許你的缺陷不但不會成爲你的障礙，反而會成爲你的福分。因爲它會促使你更加專注自己選擇的發展方向，往往能促成你獲得超出常人的發展，最終成爲超越缺陷的卓越人士。這方面的著名事例數不勝數，如身材矮小的拿破崙、身短耳聾的貝多芬、下肢癱瘓的羅斯福、少年坎坷艱辛的鉅賈松下幸之助等，這些人要麼有自身缺陷，要麼有家庭缺陷，但他們都成了卓越人士，都從某個方面改變了世界。

推翻內向的自我形象

每個人都應該是自己的主宰，沒有誰比你自己更能決定你的命運。因此，你個性內向與否，那不是上帝的安排，而是你自己的安排、你自己的決定。當你認定自己性格內向時，你便賦予了自己內向封閉的自我形象。

而一旦這一形象標籤進入你的潛意識，它又反過來引導約束你的行為。對自己的社交缺乏信心的人，不妨將自己從懂事以來所認識的朋友都羅列出來，你會驚訝於自己竟有這麼廣泛的交際。特別是要多想想你的那些好朋友，既然你能與那麼多人建立起良好的人際關係及深厚的友誼，就足以證明你並非性格內向，不善交際了。

2. 應付挫折的心理學

在人生的漫長旅途中，由於各種主客觀原因，誰都不是一帆風順、萬事如意，

第二節
重塑理想的自我

都難免遇到一些困難和失敗，甚至飽經風霜和坎坷。一般學習上的困難、工作中的不順利、同學同事之間的一時誤會和摩擦、戀愛中的波折等，固然會引起不良情緒反應，但相對而言，畢竟是區區小事，影響不大。然而嚴重的挫折會造成強烈的情緒反應，或者引起緊張、消沉、焦慮、惆悵、沮喪、憂傷、悲觀、絕望。長期下去，這些消極惡劣的情緒得不到消除或緩解，就會直接損害身心健康，使人變得消沉頹廢、一蹶不振；或憤憤不平，遷怒於人；或冷漠無情，玩世不恭；或導致心理疾病，精神失常；也有可能輕生自殺，行兇犯罪。

青年人都有遠大理想，熱情高，但涉世淺、經驗少，很容易產生挫折感。而他們的感情又較脆弱，缺乏鍛鍊，耐力差，遭挫折後很容易產生激烈的心理衝突，而不能自制和自拔。因此，怎樣看待逆境、應付挫折，對於每個人來說都是嚴峻的考驗，需要用行動做出選擇和回答。

正確認識挫折

每個人在人生道路上，由於大學落榜、求職失敗、事業不成、身染頑疾、工作事故、信仰破滅、家庭變故、生離死別、自然災害以及政治、經濟、種族、宗教、倫理、道德、風俗、民情、傳統等各種客觀環境的影響，再加之個人諸多主觀條件的限制，隨時都會遇到大小、輕重不同的挫折。它是社會生活中的正常現象，人人都無法逃避。

能認識到這一點，心理就會有所準備，不致一遭遇挫折便驚慌失措。何況遭遇一些適當的挫折並不完全是壞事，因爲挫折可以磨練人的意志，提高扭轉逆境、克服困難、適應社會生活的能力。古人說「多難興才」、「人激則奮」，就是這個道理。一個人如果不經歷困難和挫折，一生一帆風順，就猶如溫室裡的花朵，經不起人生中的風霜雨雪，很容易被一時挫折所壓垮，這樣的人就難以成才。

培養對挫折的承受力

在挫折面前，每個人的承受力往往不相同，甚至差別很大。比如，有的人即使接連遭受嚴重挫折，仍堅韌不拔，百折不撓；有的人稍遇挫折就垂頭喪氣，一蹶不振，甚至自尋短見。事實證明，身體強壯、心胸開闊、常處逆境、有理想、有抱負、有修養的人，對挫折的承受力強；相反的，體弱多病、心胸狹窄、嬌生慣養、感情脆弱、缺乏雄心壯志的人，對挫折的承受力則低。對挫折的承受力，雖然與遺傳有關，但更重要的是來自於後天的教育、修養、實踐、經驗和鍛鍊。在現實生活中，每個人都可以透過自覺及有意識的鍛鍊，去培養提高自己對挫折的承受力。

學會應付挫折的技巧

凡是經歷磨鍊、有修養的人，每逢受到挫折時，大都有一些靈活應變、化險為夷的竅門，歸納起來，大致有以下幾種：

1. 期望法。遇到挫折時，儘量不去考慮得失，多想美好的未來，不斷激勵自己，「振作起來，一切都會過去，將來一定又是雨過天晴。」

2. 知足法。在挫折面前，要滿足已經達到的目標，對一時難以做到的事情不奢望、不強求，同時多看看周圍情況不如自己的人。這樣，就容易從煩惱、痛苦中解脫出來，為將來的成功創造良好的心理環境。

3. 補償法。古人說：「失之東隅，收之桑榆。」在某方面的目標受挫時，不灰心氣餒，以另一個可能成功的目標來代替，就不致陷入苦惱、憂傷、絕望的境地。

4. 昇華法。在遭受個人婚戀失敗、家庭破裂、財產損失、身患病疾等打擊之後，化悲痛爲力量，發奮圖強，這是應付挫折最積極的態度。

總之，困難、失敗並不可怕，只要能勇於面對，人生之船就會戰勝驚濤駭浪，駛過激流險灘，到達理想的彼岸。即使是一時受挫、失敗，你也終會成爲人生之路的開拓者，事業上的成功者。

3. 學會正確評價自我

個人心理健康的一個重要指標是對自我的接受和認可，也就是要對自己有正確的評價，不可過高也不可過低，這樣才不會出現自負和自卑的心理。一個善於自我激勵和激勵他人的人，總會爲自己制定出合理的追求目標。一個人不能正確評價自己，就會產生心理障礙，表現出對自我的不滿和排斥，從而出現「現實自我」與「理想自我」的差距。因此，我們應學會瞭解自我、評價自我。

第二節
重塑理想的自我

「以人爲鏡」，從比較中認識自己

就像學校用分數來比較知識能力一樣，青少年可以透過比較同伴的處世方法、感情態度，找出自己的位置。這種比較雖然常帶有主觀色彩，卻是認識自己的常用方法。不過，在比較時，要尋找環境和心理條件相近的人，比較符合自己的實際水準和自己在群體中的位置。

從別人的評價中認識自己

人人都會透過同伴對自己的評價來認識自己，而且在乎別人怎樣看自己，怎樣評價自己。如果自我評價與周圍的評價有較大的相似性，則表明你的自我認識能力較好、較成熟；如果客觀評價與你自己的評價相差過大，則表明你在自我認知上有偏差，需要調整。然而，對待別人的評價，也要有認知上的完整性，不可因自己的心理需要而只注重某一方面的評價，應全面聽取，綜合分析，恰如其分地對自己做出評價和調整。

透過生活經歷瞭解自己

第二天
自我激勵，為自己加油

用悲觀的方式解釋事物，會讓人喪失鬥志。成功和挫折最能反映個人性格或能力上的特點，因此，我們可以透過自己成功或失敗的經驗教訓來了解自身的特點，在自我反思和自我檢查中重新認識自己的長處和短處，把握自己的人生方向。如果你不能肯定自己是否具有某方面的性格、才能和優勢，不妨找機會表現一番，從中得到驗證。

爲了把握住自己，爲了將來回憶往事不留下更多遺憾，請儘早認識自己，正確評價自我。

碰到低潮，自己鼓勵自己

當我們碰到低潮時，會不會有人來拍拍我們的肩膀，給我們打氣呢？

說實話，當你碰到低潮時，看好戲的人多，眞心爲你打氣的人少！看不得別人好是人的天性，因此你也不必對人性失望。或許你的父母、長輩會爲你打氣，但他們也沒法子天天拍你肩膀。

所以，當你碰到低潮時，要自己鼓勵自己！

第二節
重塑理想的自我

我們並不否定別人的鼓勵作用，事實上，別人的鼓勵會讓你有「畢竟我不孤單」的感覺，於是生出一股奮起的力量；但是，千萬別乞求、期望別人的鼓勵，因爲那只會讓你像個可憐蟲！

千萬別依靠別人的鼓勵來產生勇氣和力量，因爲你未來的路還會有許多坎坷，不會每天都有人來鼓勵你的！

所以要自己鼓勵自己，讓勇氣和力量在自己心中萌生，好比泉水自己源源湧出，在任何狀況下，你都可以「自己取用」！

不過，人在低潮時，有時連活都不想活了，怎麼來「鼓勵自己」呢？

第一個要有「活下去」的決心，因爲這是自我鼓勵的先決條件。之後，要告訴自己——我要走過這個低潮。

有人在牆上貼滿勵志標語，每天在固定的時間默念；有人找個僻靜的地方，痛快地流淚；有人拼命看成功人物的傳記；有人藉運動來強化意志，忘卻沮喪……

方法很多，不一定每個人都適用，但不管你的方法如何，一定要做到「自己鼓勵自己」。人遭逢低潮就有如孤身闖入原始雨林，在這種時候，你不靠自己又要靠誰呢？

能自己鼓勵自己的人就算不是一個成功者，但也絕對不會是一個失敗者，你還是趁早練得這種「功夫」吧！

4. 重塑理想的自我形象

重塑一個理想的自我形象也是善於自我激勵者常用的方法，這種方法往往能使我們在一個比較短的時間內恢復自信心，並且鼓勵自己大膽地向目標前進。

自我暗示

我們對自己的看法將會決定我們的發展。我們現在的自我意識是基於以往個人的經歷及周圍的影響而形成的。由於對生活還缺乏深入的瞭解，也由於生活的環境並非一成不變，因此我們那些基於以往經歷所形成的自我意識，很可能是不完備的。我們對自己的把握未必清楚、全面，我們自身的潛能並沒有得到充分的發揮，所以我們必須重新認識自己，去除自我意識中不合理的成分，重塑全新的自我形象。

心理暗示對於自我形象的重塑有重要的意義。適當的自我暗示可以使我們的身心處於良好的狀態，增強自信，強化成功的可能性。

自我暗示何以能對我們的發展產生如此重大的作用呢？科學研究證實，人類的大腦通常無法區分現實生活中的真實經歷而引起的情感變化，與個人的主觀想像而引起的情感變化。自我暗示的資訊同樣可以在大腦中留下一定的痕跡，這種痕跡的長期作用會促使大腦相信我們確實具備了某種能力。你可能有過這樣的經驗：在參加考試或比賽的前一刻，變得特別緊張，心跳加快，手心出汗，但若稍微放鬆一下緊張的神經，並告訴自己「沒關係，我一定行」，過一會兒，你會發現自己已經完全擺脫了先前的緊張狀態，能夠非常輕鬆對待眼前的考試或比賽了。

在自我形象的塑造過程中，如果能夠有意識地進行積極的自我暗示，同樣能取得非常顯著的效果，使你的自我形象變得更加全面。平時常有意識地灌注自己必勝的信心，不斷告誡自己堅持不懈，你必定能發現一個充滿自信、活力、勇於進取的自我。

第二節
重塑理想的自我

積極行動起來

要想重塑自我形象，只靠自我暗示顯然是不夠的。我們還要積極行動起來，在日常生活中逐步磨鍊自己，增加對自我的瞭解和把握。

我們對自我的認識常常是不全面的，這使我們更要積極實踐、努力探索，從多方面發掘自身的潛能，諸多的小事都能使你重新認識自己。

在重塑自我形象的過程中，我們還要經常靜下心來思考自己的成敗得失，考察自己的所作所爲，只有經常審視自己，才不至於在匆忙的工作、生活中迷失自己。

重塑自我形象還需要我們不斷用新的知識來充實自己，保持與現實世界的密切聯繫，從書本、從他人、從實踐中學習各種知識技能，不斷充實自己，只有眞正學有所成，才可能在社會競爭中立於不敗之地。

第三節　尋找自我激勵的良方

1. 自我激勵十八法

在我們不斷塑造自我的過程中，影響最大的莫過於態度。我們思想上的抉擇可以帶給我們激勵，也有可能阻滯我們前進。

清晰規劃目標是人生走向成功的第一步，但塑造自我卻不僅限於目標規劃。要眞正塑造自我和追求自己想要的生活，我們必須奮起行動。莎士比亞說得好：「行動勝過雄辯。」

一旦掌握自我激勵，自我塑造的過程也就隨即開始。以下方法可以幫你塑造自我，成爲那個你一直夢寐以求的人。

樹立遠景目標　邁向自我塑造的第一步，要先有一個你每天早晨醒來爲之奮鬥的目標，目標必須即刻著手建立，而不要往後拖延。你隨時可以按自己的想法做些改變，但不能一刻沒有遠景目標。

離開舒適區　不斷尋求挑戰，激勵自己。提防自己流連於安適的環境。舒適區只是避風港，不是安樂窩。它不過是你心中準備迎接下次挑戰之前刻意放鬆自己和恢復元氣的暫時棲身之地。

把握好情緒　人開心的時候，體內就會發生奇妙的變化，從而獲得新的動力和力量。但是，不要總想在自身之外尋開心。令你開心的事不在別處，就在你身上。因此，找出自身的情緒高峰期不斷激勵自己。

調高目標　許多人之所以達不到自己孜孜以求的目標，是因爲他們的主要目標太小，而且太模糊不清，使自己失去動力。如果你的主要目標不能激發你的想像力，目標的實現就會遙遙無期。因此，眞正能激勵你奮發向上的，是確立一個既宏偉又具體的遠大目標。

加強緊迫感　《二十世紀》作者阿耐斯（Anais Nin）曾寫道：「沉溺生活的人沒有死的恐懼。」他以爲長命百歲無益於享受人生，然而大多數人對此視而不見，假裝自己的生命會綿延無絕。唯有心血來潮的那天，我們才會籌畫大事業，將我們的目標和夢想寄託在虛幻之中。其實，我們未必要等到生命耗盡時的臨終一刻才面對死亡。事實上，如果能逼眞地想像自己的彌留之際，就會產生一種重生的感覺，這是塑造自我的第一步。

撇開朋友　對於那些不支持你達成目標的「朋友」，要敬而遠之。你所交往的人會改變你的生活：與憤世嫉俗的人爲伍，他們就會拉你沉淪；結交那些希望你快樂和成功的人，你就會在追求快樂和成功的路上邁步，對生活的熱情具有感染力。因此與樂觀的人爲伴，能讓我們看到更多的人生希望。

迎接恐懼　哪怕克服的是小小的恐懼，也會增強你對創造自己生活能力的信心。如果一味想避開恐懼，它們會像瘋狗一樣對我們窮追不捨。此時，最可怕的莫過於雙眼一閉，假裝它們不存在。

做好調整計畫　實現目標的道路絕不是坦途。它總是有起也有落。但你可以安排自己的休憩點，事先看看你的時間表，標出你放鬆、調整、恢復元氣的時間，即使你現在感覺不錯，也要做好調整計畫，這才是明智之舉。

在自己的事業顚峰時，要給自己安排休憩點，挪出一大段時間讓自己隱退一下，即使是離開自己心愛的工作也無妨。只有這樣，在你重新投入工作時才能更富熱情。

勇敢面對困難　每一個解決方案都是針對一個問題，困難與解決方案二者缺一不可。眞正的運動家總是盼望比賽。如果把困難看成是對自己的詛咒，就很難在生活中找到動力，如果學會了把握困難帶來的機遇，你自然會產生動力。

首先要感覺好　多數人認爲，一旦達到某個目標，人們就會感到身心舒暢，但問題是你可能永遠達不到目標。把快樂建立在還不曾擁有的事情上，無異於剝奪自己創造快樂的權力。記住，快樂是天賦權利。首先就要有良好的感覺，讓自己在塑造自我的整個旅途中充滿快樂，而不要等到成功的最後一刻，才要享受歡樂。

加強排練　先「排演」一場比你所要面對的還要複雜的挑戰。如果手上有多件要處理的工作，不妨選條件更難的事先做。生活挑戰你的事情，你一定可以用來挑戰自己，這樣，你就可以自己開闢一條成功之路。成功的眞諦是：對自己愈苛刻，生活對你愈寬容；對自己愈寬容，生活對你愈苛刻。

立足現在　鍛鍊自己即刻行動的能力。充分利用對現時的認知力，不要沉浸在過去，也不要沉溺於未來，要著眼於今天。你當然要先有夢想、籌畫和訂定實現目標的時間。不過這一切就緒後，一定要學會腳踏實地的行動，把整個生命凝聚在此時此刻。

第三節
尋找自我激勵的良方

敢於競爭　競爭給了我們寶貴的經驗，無論你多麼出色，總是人外有人，所以你需要學會謙虛，在競爭中努力勝過別人，這能使自己更深刻認識自己。在生活中加入「競爭遊戲」，不管在哪裡，都要參與競爭，而且總要滿懷快樂的心情。要明白，最終超越自己更重要。

走向危機　危機能激發我們竭盡全力。我們往往想要創造舒適的生活，努力設計各種愈來愈輕鬆的生活方式，使自己的生活風平浪靜。殊不知從內心挑戰自我是生命力量的泉源。聖女貞德（Joan of Arc）說過：「所有戰鬥的勝負首先在自我的心裡已見分曉。」

精工細筆　創造自我，如繪巨幅畫一樣，不要怕精工細筆。如果把自己當成一幅正在描繪中的傑作，你就會樂於從細微處做改變。一件小事做得與眾不同，也會令你興奮不已。總之，無論變化有多麼微小，對於你來說都很重要。

敢於犯錯　有時候我們不做一件事，是因為我們沒有把握做好。我們感到自己

「狀態不佳」或精力不足時，往往會把必須做的事放在一邊，或靜待靈感的降臨。你可不要這樣。如果有些事你明知道需要做卻又提不起勁，儘管去做，不要怕犯錯。給自己一點自嘲式幽默，抱一種打趣的心情來對待自己做不好的事情，一旦做起來了就會樂在其中。

不要害怕拒絕　不要消極接受別人的拒絕，而要積極面對。你的要求落空時，把這種拒絕當做一個動力，問自己：「我能不能更多一點創意呢？」不要聽見不行就打退堂鼓，應該讓別人的拒絕激勵你更大的創造力。

儘量放鬆　接受挑戰後，要儘量放鬆。在腦波開始平撫你的中樞神經系統時，你能感受到自己的內在動力不斷增加。你很快會知道自己有何收穫。自己能做的事，不必祈求上天賜予你勇氣，放鬆可以產生迎接挑戰的勇氣。塑造自我的關鍵是敢做小事，但必須即刻就做。塑造自我不能一蹴而及，它是一個循序漸進的過程。這兒做一點，那兒改一下，將使你的一天（也就是你的一生）充滿滋味。

大多數人希望自己的生活富有意義，但是生活不在未來。我們愈是認爲自己有充分的時間去做自己想做的事，就愈會在這種沉醉中讓人生中的絕妙機會悄然流

第三節
尋找自我激勵的良方

逝。只有重視今天，自我激勵的力量才能源源不絕。

2. 尋找自我

「你最鍾愛的是什麼？充滿了你的心靈，讓你感到無比幸福的又是什麼？」你若以眞誠的靈魂回顧過去，一定可以找出答案。

將你自己所敬仰的人物列出來，並回想自己爲何尊敬他們，從這些原因之中找出一項你認爲自己之所以尊敬他們的共同原因。今後，你只要以此爲依據，努力去實踐就可以了。

如果稍有成就，不妨再從這些偶像身上，選幾項你認爲值得學習的並加以補充。最後你必定可青出於藍，然後再以他們做爲你步向成功的踏腳石，一步一步地往上爬，最後必然可以找到「自我」。

因爲「自我」並非隱藏在你的內心深處，而是在你無法想像的高處，至少是比你平日所認識的「自我」更高層次裡。能夠成爲你自己本身的導師與典範的，唯有發自你的天性。唯有自己，才有資格成爲自己內心的解放者。

3. 現在正是時候

除了生命本身，沒有任何才能不需要後天的鍛鍊。如果你不替失敗找藉口，失敗就不令人畏懼。放手去做吧！不要拖延，現在正是振作的時候。

多年前，美國奧克拉荷馬州的土地上發現了石油，該地的所有權屬於一位年老的印地安人。這位老印地安人終生都在貧窮之中，一發現石油以後，頓時變成了有錢人，於是他買下一輛凱迪拉克豪華旅行車、一頂林肯式禮帽，打了蝴蝶結領帶，並且抽一根黑色大雪茄，這就是他出門時的裝備。他每天都開車到附近的小奧克拉荷馬城。他想看每一個人，也希望被每個人看到。他是一個友善的老人，當他開車經過城鎮時，會把車一下子開到左邊，一下子開到右邊，來跟他所遇見的每個人說話。有趣的是，他從未撞過人，也從未傷害人。理由很簡單，在他的大汽車正前方，有兩匹馬拉著。

當地的技師說那輛汽車一點毛病也沒有，這位老印地安人永遠學不會發動引擎。汽車內部有一百匹馬力，許多人卻誤以爲那輛汽車只有兩匹馬力而已。

心理學家告訴我們，世界上絕大多數人都和那輛汽車一樣，我們所用的能力跟我們所擁有的能力相比，比值大約是二%至五%。

荷爾曾說：「人類最大的悲劇並不是天然資源的巨大浪費，雖然這也是悲劇，但最大的悲劇卻是人力資源的浪費。」荷爾指出，一般人在進入墳墓時，仍帶著他尚未演奏的樂器，而所有的樂章都是尚未演奏的。

我始終認爲一個人一生中可能發生的最大悲劇，是他躺在床上等死時，才得知他的土地中剛發現油井或金礦。現在我知道，一個人永遠無法發現潛藏在自己體內的那筆雄厚財富，才是更加糟糕的事情。有人說：「如果沉在海底的話，一枚硬幣跟一枚值二百美元的金幣價值就一樣了。」只有將這些金幣撈起來，並且眞正的花用，才會顯出它們的價值差異。

當你學會運用自己內在無限的潛能時，你才變得眞實而有價值。你的「自然資源」跟地球上的自然資源不同，如果一直不用的話，就會消磨殆盡。你已經擁有很多才能了，現在要多多利用，使你不至聰明卻破產，你應該聰明而富裕才對。

4. 對付憤怒的良藥

氣憤的人是什麼面目？人所共知：鼻孔鼓鼓的，臉脹得紅紅的，拳頭握得緊緊的。可是你知不知道，這時身體裡發生了什麼變化？原來，血液裡的腎上腺素、副甲腎上腺素和葡萄糖增多，產生所謂生物化學緊張、脈搏加快的現象。這時，每分鐘流經心臟的血液猛增，對氧氣的需求也就增加，經常這樣就會高血壓、動脈血管硬化、偏頭痛、多尿症……

爲了化解憤怒的傷害，古羅馬人手裡總是拿著特別的樽（古代飲器），遇到氣憤時隨時把它打碎。聰明的日本人在事務所裡放個上司的玩偶，供員工下班後敲打發洩。如果沒有多餘的餐具，也沒有玩偶，你就需要其他的出氣途徑。

自制力始終十分重要，特別是那些處於顯赫地位的人，在脈搏加快之前，把需要解決的問題鬆一鬆，平靜一下自己。

憤怒容易使人失去理智。有這樣一個例子：

皮索恩是古代一個品德高尚、受人尊敬的軍事領袖。一次，一個士兵偵察回來，沒能說清楚跟他同行的另一個士兵的下落。皮索恩憤怒極了，當即決定處死這個士兵。就在這個士兵被帶到絞刑架前，失蹤的士兵回來了。但結果出人意料，皮

第三節
尋找自我激勵的良方

索恩由於羞愧更加暴怒，最後處死了三個人。

第一個士兵——堅決執行下達的死刑令。

第二個士兵——由於沒有及時歸來，造成第一個士兵被處死，所以他也該死。

第三個劊子手——因爲沒有執行命令而被殺。

沈默是對付憤怒的好方法。俄國歷史上的女皇葉卡捷琳娜．韋利卡婭，就不止一次採用這種方法。當她對某大臣感到憤怒時，急忙喝一大口水，在房間裡走啊、走啊，直到憤怒被寬容取代。

你被什麼激怒了，先不要激動，冷靜地全面考慮一下利害衝突，也許會得出如此結論：激怒是沒有根據的，那還生什麼氣呢？

當你被憤怒控制，處於激動之中，會做出許多傻事。遇到這種情況，要神態清醒，即使是裝，也要裝出微笑。原來，微笑會創造奇蹟。你剛咧開嘴，腦海裡立刻浮現一些愉快的事，所有器官從準備「戰鬥」的狀態中獲得解決，血流趨於緩和，心臟跳動的節奏變慢，大腦供氧得到改善。情感是很有感染力的，如果說憤怒引來憤怒，那麼，微笑回報微笑。

試一試那些能聚精會神的動作，例如，咬緊嘴唇，舌頭緩慢沿上齶做切線移動五至六次，然後默默數到十，再做幾個深呼吸。反覆幾次也能擺脫憤怒。

激勵故事：別一文不名地死去

如果你的世界受到限制，充滿悲哀和貧乏，那是因爲你未能瞭解自己的意志中有一座工廠，可以製造出信心的力量。

我在大學教成功學課程，有一次在課堂上要學生講一個失敗的故事。一名學生說，上個月回家的時候，聽說他的一個高中同學死了。才說話，他眼圈就泛紅，聲音嗚咽。他說，他家很窮，住在山區，他一個同學也跟他一樣，不同的是，那一年他考上大學，而他這個要好的同學卻沒有考上。但他的同學很堅決，一直補習了六年，每次都差那麼幾分而落榜，他很傷心，但不放棄。

有人笑他：「你準備考幾年呀？」他苦澀地說：「八年抗戰吧！」不幸的是，今年考試前幾個月他瘋了，發瘋後，每天都在村前村後走來走去，喃喃自語：「我要上大學，我要上大學！」有一天早上，有人發現他的屍體，他是在山道上的淺水窪裡淹死的。說到這裡，我的學生哭了。可憐的朋友！我們永遠也不知道，在他死前的一剎那，他流淚了嗎？他夢見他小時候遠大的志向嗎？他夢見自己夢想中的大學了嗎？

第二天
自我激勵，為自己加油

成功，這是一個讓人心動、也讓人心痛的字眼；成功，這是一個讓人心醉、更讓人心碎的字眼！多少人爲成功而生，多少人爲成功而死。在生與死之間，事業、金錢、愛情、幸福、甜蜜……這些溫馨的字眼，又有哪一刻不縈繞我們的心頭！

有一次我在書店偶然看到一本畫冊，是麥可·喬丹的寫眞集，裡面有一幅照片十分感人。畫面的主題是「奪標時刻」，表現的是麥可·喬丹第一次獲得NBA冠軍的情景：他緊抱獎盃，雙眼緊閉痛哭出聲。畫面上方是麥可·喬丹當時說的一段話：「這是我期待已久的時刻。爲此，我經歷了整整七年的跋涉。我們白手起家，我們來自底層，我從來沒有放棄過希望，現在終於夢想成眞！」

因此，我們別再自我欺騙了！成功者只找方法，失敗者只找藉口！成功的道路上，我們會有疲憊的時候，但我們可以學會自我激勵。

有這樣一個故事。美國有一位黑人老人在街上賣氣球爲生，每當生意不好的時候，他總要放飛一個氣球，以此來激勵自己，吸引顧客。一個流浪的黑人男孩問他：「爺爺，黑色氣球也會飛嗎？」老人說：「孩子，氣球它會不會飛，不取決於它的顏色，而在於心中是否有升騰之氣！」

你的心中有升騰之氣嗎？是否只有喪氣、只有嘆氣、只有窩囊之氣呢？生活中最大的悲劇，不是暫時的失敗，也不是暫時的貧窮，而是習慣寒酸，甘於平庸！朋友，讓我們爲成功活著，別一文不名地死去！

激勵故事：仇人與恩人

大學剛畢業的時候，某電視公司請我去主持一個特別節目，那節目的導播看我文章不錯，又要我兼做編劇。

可是當節目做完領酬勞的時候，導播不但不給我編劇費，還扣我一半的主持費。他把收據交給我說：「你簽收一萬六，但我只能給你八千，因爲節目透支了。」

我當時沒吭聲，照簽了，心想：「君子報仇，三年不晚。」

後來那導播又找我，我還「照樣」幫他做了幾次。

最後一次，他沒扣我錢，變得對我很客氣，因爲那時我被電視公司的新聞部看上，一下子成爲電視記者兼新聞主播。

我們後來常在公司遇到，他每次都笑得有點尷尬。

我曾經想去告他一狀，可是轉念一想：沒有他，我能有今天嗎？如果我當初不忍下一口氣，又能繼續獲得主持的機會嗎？

機會是他給的，他是我的貴人，他已經知錯，我何必報復呢？

後來我到了美國留學。

有一天，一位就業的同學對我抱怨他的美國老闆吃定他，不但給他很少的薪水，而且故意拖延他的綠卡（美國居留權）申請。

我當時對他說：「這麼壞的老闆，不做也罷。但你豈能白做這麼久，總要多學一點再跳槽，所以你要偷偷學。」

他聽了我的話，不但每天加班，留下來背那些商業文書的寫法，甚至連怎麼修理影印機，都跟在工人旁邊記筆記，以便有一天自己出去創業，能夠省點修理費。

隔了半年，我問他是不是打算跳槽了？他居然一笑：「不用！我的老闆現在對我刮目相看，又升官，又加薪，而且綠卡也馬上下來了，老闆還問我爲什麼態度突然大轉變，變得那麼積極呢？」

他心裡的不平不見了，他做了「報復」，只是換一種方法，事後他自我檢討，當年其實是他自己不努力。

大概五年前吧，我遇到個有意思的事。

一位老友突然猛學算命，由生辰八字、紫微斗數、姓名學到占星術，沒一樣不研究。他學算命，當然不是覺得算命靈驗，而是想證明算命是騙人的東西。

原來，有一位非常著名的大師爲他算命，算他活不到四十七，他發誓，非打爛那大師的招牌不可。

結果他愈學愈怕，因爲他發現自己算自己，也確實活不長。

這時候，他改了，他跑去做慈善：「反正活不久了，好好運用剩下的歲月，做點有意義的事。」他很積極地投入，人人都說他變了，由一個焦躁勢利的小人，變成敦厚慈愛的君子。

不知不覺，他過了四十七，過了四十八，而今已經五十三，紅光滿面、生氣勃勃，比誰都活得健康。

「你可以去砸那大師的招牌了！」我有一天開他玩笑。

他眼一亮，回問我：「爲什麼？」又笑笑：「要不是那人警告我，照我以前的個性，四十七歲非犯心臟病不可，他沒有不準啊！」

你喜歡逞強鬥狠嗎？你總是心有不平嗎？你有「此仇不報非君子」的憤恨嗎？要知道，敵人、仇人都可以激發你的潛能，成爲你的貴人。

也要知道，許多仇、怨、不平，其實問題都出在你自己。

更要知道，這世間最好的「報復」，就是運用那股不平之氣，使自己邁向成功，以那成功和「成功之後的胸懷」對待你當年的敵人，且把敵人變成朋友。

當「冤冤相報何時了」的雙輸，能成爲「相逢一笑泯恩仇」的雙贏，不是人生最大的成功嗎？

第三天　爲激勵添上雙翼

想要激勵他人，讓對方感覺你句句有理，頭頭是道，不是件容易的事。光靠你滔滔不絕是不夠的，你還要學會講話的技巧，懂得激勵他人，重「質」不重「量」。

激勵的方法多種多樣，但在激勵他人的過程中，要根據個人的地位、身分、教育程度、語言習慣做不同的處理，把握分寸，留有餘地。有時，小小一句激勵的話就會發揮很大的作用，可以迅速拉近人與人之間的距離，得到別人的喜愛，也可以給人信心、快樂。

善於體察人心，瞭解對方的需要，方能適切地達到激勵的目的。

第一節　激勵的語言技巧

1. 學一點幽默

幽默是一種以愉快方式待人的特性；幽默感是一種瞭解並表達幽默的能力；幽默力量是增進你與他人關係的潤滑劑，也是改善自我評價的一種藝術。激勵他人的過程中需要幽默，就如同魚需要水、樹木需要陽光一樣。具有幽默感和幽默力量，是激勵他人時應具備的要件之一。

幽默的語言常借助於一些修辭手法，用以增強語言表達的效果，從而提高語言的感染力。運用比喻、誇張、雙關等修辭手法，更能顯示出語言的幽默魅力。

有這樣一件事：公共汽車上，由於司機緊急煞車，一位老人撞上前面的小姐。這個小姐很不高興，隨口罵了老人一句，眼看一場暴風雨即將來臨，這位任職於大學物理系教授的老人不急不徐地說：「這是慣性造成的結果。」車廂裡的乘客哄然大笑起來，化解了一場將要發生的衝突。

第一節
激勵的語言技巧

從這個例子也可以看出，幽默是化解緊張局面的靈丹妙藥，是隨機應變的有力武器。但幽默絕不是低級趣味，幽默追求的境界是哲學的飄逸和思想的簡樸。

使用愚蠢的、低俗的、笨拙的、膚淺的、油滑的、尖酸的言語，不是幽默；油腔滑調地要噱頭、出洋相，不是幽默。幽默的語言要具有高雅的風度。

幽默的語言是自然而然表現出來的，它必須有深刻的思想意義。它的運用要服從於思想、情感的表達。僅以俏皮話、貧嘴、惡作劇來換取廉價的笑，那是淺薄的。幽默是日常語言的巧妙組合，以深入淺出見功力，正如清人李漁所說：「妙在水到渠成，無機自露，我本無心說笑話，誰知笑話逼人來。」

明白了幽默的「玄機」，現在來學幾招。

歪解。歪解就是歪曲、荒誕的解釋。以一種輕鬆、調侃的態度，隨心所欲地對一問題進行自由解釋，造成不和諧、不合情理、出乎意料的效果。比如說鹹鴨蛋是怎麼來的，答鹽水煮的，便顯平淡，若回答是鹹鴨子生的，則會令人忍俊不禁。

降用。故意使用某些「重大」、「莊嚴」的詞語來說明一些細小、次要的事情，這種表達技巧便是「降用」。這種方法可以暗示自己的思想，啟發對方思考，令語言風趣生動。

自嘲。自我嘲諷，是指運用嘲諷的語氣來嘲笑自己的缺陷和毛病，以取得別人的共鳴，引起別人會心一笑的方法。

在一次晚會上，有一位長得其貌不揚的藝人，一上台就嘲諷自己的長相，說他受到男性同胞的熱烈歡迎，但他的長相卻使女性同胞達到「忍無可忍」的程度。這種誇張式的自嘲，產生了一種風趣幽默的氣氛。同樣，自嘲還可以用在自己做過的蠢事、自己的生活遭遇等方面。

2. 把握分寸，留有餘地

在激勵他人的過程中，要根據各種人的地位、身分、教育程度、語言習慣來做不同的處理，把握好分寸，留有餘地。讚揚不要過分，謙虛也應適當。一些人常常將剛出道演戲的演員稱爲「崛起的新星」；剛發表了一首小詩便稱之「著名詩人」，這種讚揚有些是經不起時間考驗的。有時候事情恰恰相反，便成了一個絕妙的諷刺。

同樣，謙虛也該實事求是。有則笑話，說一個人過分謙虛，有人到他家誇他家花瓶漂亮，他說不過是一個粗瓶；誇他衣服好，他又說不過是件粗衣。當客人對月飲酒，道：「好一輪明月。」他忙拱手說：「不敢，不敢，不過是我家一輪粗月。」這種謙虛便近乎誇大，令人覺得不眞誠。

說話留有餘地，就要愼重選擇用語。開口「當然」，閉口「絕對」，會把交談者嚇退，把「部分」說成「一切」，把「可能」說成「肯定」，實際上是虛張聲勢，往往使自己陷入危險境地。

科學史上有過這樣一件事：一名年輕人想到大發明家愛迪生的實驗室工作，愛迪生接見了他。年輕人爲表示自己的雄心壯志，說：「我一定會發明出一種萬能溶液，它可以溶解一切物品。」愛迪生便問他：「那麼你想用什麼器皿來放這種萬能溶液呢？」

年輕人正是把話說絕了，陷入自相矛盾的境地。如果把「一切」換爲「大部分」，愛迪生就沒有理由反駁他了。

即使詞用對了，修飾程度不同，說起來分寸就不一樣。如「好」一詞，可以修飾爲「很好」、「非常好」、「最好」、「不好」、「很不好」等，這些詞在程度上有不同的使用方式，要愼重爲之。即使聽了天氣預報，明天還沒到，便不可以說：「明天一定會下雨。」一個人的文章寫得普通，客氣地說也只能是「還好」，怎麼能說「非常好」呢？

有一句廣告詞說「沒有最好，只有更好」，它用了「沒有」、「最好」，又用了「更」，烘托出該產品精益求精的品質，展現了該企業不斷進取、勇於開拓的良好形象，不失爲一條「絕妙」的廣告詞，比那些「極品」、「世界一流」之類的詞眞實，有力度。

好的修飾詞使意思表達完整，恰到好處；過於誇張或過於縮小的修飾詞，則會與實際相衝突，使說話者陷入兩難境地。屠格涅夫的小說《羅亭》中，皮卡索夫與羅亭有一段對話：

羅：妙極了！那麼照您這樣說，就沒有什麼信念之類的東西了？

皮：沒有，根本不存在。

羅：您就是這樣確信的嗎？

第一節
激勵的語言技巧

皮：對。

羅：那麼，您怎麼能說沒有信念這種東西呢？您自己首先就有一個。

皮卡索夫在此用「根本」，把話說絕了。因此，遇到沒有十足把握的事，寧可多用「可能」、「也許」、「或者」、「大概」、「一般」等表述意義模糊的詞，使自己的判斷留有餘地。

在激勵他人時，對於不同的語言環境和對象應靈活處理，掌握不同的分寸，才能充分發揮語言的交際功能。

3. 話多不如話少，話少不如話巧

激勵別人時是多說話好？還是沈默好？絕對地說這好那不好，豈不犯了說話不留餘地的錯誤。因此，在人的一生中，有兩種訓練是不可少的——沈默和優美而文雅的談吐。

常說「沈默是金」，言語是行動的影子。我們常因言多而傷人。言語傷人勝於刀槍，刀傷易癒，舌傷難痊。

一個冷靜的傾聽者不但受人歡迎，且會知道許多事情；而一個喋喋不休的人，像一隻漏水的船，船上的乘客會紛紛逃離。

少說話固然有好處，但激勵別人時，要與人交流，就應該說話。若要開口，就應當掌握說話的技巧，研究說話的藝術。

第三天
為激勵添上雙翼

在任何場合，說話都要言之有物，否則便應少說。要說，則說自己體驗過的感慨，說心靈深處衷心之話，說自己有把握的話，說能夠啓迪人的話，說能警戒人的話，說能有益人的話，說能溫暖人的話，說能爲人排解憂愁的話。自己無把握的話不要說，言不由衷的話不要說，無中生有的話不要說，惡言惡語不要說，傷感情的話不要說，造謠中傷的話不要說，粗言腐語不要說。

在激勵別人時要掌握說話的量，在一些特殊場合更要注意做到言簡意賅，不要滔滔不絕。

美國總統艾森豪在哥倫比亞大學任校長時，經常參加宴會，發表演說。一次宴會上，他的演說被排到最後一個，前面的人都長篇大論，輪到他發言時，時間已所剩不多了。他於是站起來首先提醒聽衆，每場演講不管什麼形式都應有標點符號。

然後他正式開講：「今天晚上，我就是標點符號中的句號。」隨即便坐了下去。

艾森豪的做法很明智，若我們遇到類似情況，不妨多學學。

4. 忠於事實，適當恭維

如果今天一大早就有人誇你「衣著得體，非常漂亮，很有精神」，那麼你一天的表現必定很好吧！小小的一句恭維足夠起很大的激勵作用，可以迅速拉近人與人之間的距離，得到別人的喜愛，也可以給他人信心和快樂。

偏偏有一些人學不會或不屑去恭維、讚美他人。下屬讚美主管，被認爲是「拍馬屁」；男士讚美女士，被認爲「心懷不軌」，這些都是不必要的多心。

你若想要得到別人的肯定與贊同，爲什麼不先試著去讚美一下別人呢？

要恭維他人，先要選好恭維的話題，不可過分誇張，更不能無中生有。對於年輕人，恭維他年輕有爲、敢於開拓；對於中年人，恭維他經驗豐富、見多識廣；對於知識份子，恭維他知識淵博，刻苦鑽研；對於商人，恭維他頭腦靈活、生財有道……這些都是恰如其分的。如果稱讚一中年婦女活潑可愛、單純善良，可能就會不倫不類，弄不好還會招致臭罵。

要稱讚他人，就要善於體察人心，瞭解對方的迫切需要。比如營業員與顧客在商品品質、價格等方面爭執不下時，聰明的營業員這時若改換話題，稱讚這位顧客眞有眼光，這衣服款式是最新的，質料也好，是店裡的人氣商品，再誇顧客能說善道，眞會「砍」價，我們這兒從沒賣過這麼低的價錢。顧客聽了一定喜歡，不好意思再爭下去。

要誇別人，應有一種「戰無不勝」的信心。人都是有弱點的，再謙虛，再不近人情，再標榜不喜歡聽甜言蜜語的人，其實也喜歡別人恭維，只要恰如其分。

有個笑話說某君是拍馬屁專家，連閻羅王都知道他的大名。他死後，閻羅王見他便拍案大怒：「我最恨你這種馬屁精。」馬屁精連忙叩頭回道：「雖然世人都愛被拍馬屁，閻大王您公正廉明，誰敢拍您的馬屁。」閻羅王聽了，連說對啊對啊，諒你也不敢拍我的馬屁。

每個人都愛聽好聽的，只要你恭維得有分寸，不流於諂媚，不傷人格，定會博人歡心。

恭維人的話不能過多，多了對方會不自在，覺得你是虛情假意，逢場作戲，反而不信任你。恭維過多也不利於交談，在談話中頻頻誇對方「好聰明」、「好有能力」，對方頻頻表示客氣，往往使談話無法順利進行。

恭維對方本身不如恭維他的成績。比如恭維對方容貌就不如恭維他的品格與能力。因爲容貌是天生，爸媽給的，無法改變，而品格與能力是自己後天養成的，表明了自己的價值，是自身成功的表徵。

恭維話要有新意。不要空洞無物地誇對方「好可愛」、「好聰明」，應當有自己的看法與見地。誇別人這件衣服好看，就不如誇她的上衣與裙子的搭配非常巧妙，整體效果好。留心對方的反應，當對方對你的恭維顯得不在乎或不耐煩時，就要適可而止了。

5. 稱呼得體，萬事順利

在社交場合，人們對別人給自己的稱呼是很敏感和在意的。親切禮貌的稱呼令人感到友好與尊重；相反的，直呼其名或不分大小、不合時宜的稱呼都是很令人反感的。

日常生活中，個體之間的來往有尊稱與泛稱之分。

尊稱在對長輩、主管、服務對象或陌生人時使用比較廣泛，表現了說話者對被稱呼者的禮貌和尊敬，是文明的表現。「您」、「您好」是使用頻率最高，應用最廣泛的稱呼。

個體的泛稱常用在事務性關係、熟人，或關係介於親密與生疏之間的人。

在正式場合可以用姓或姓名加職位／職業，如王廠長、李教授；或是直呼其名再加上通稱或職業稱，如××先生、××秘書；在非正式場合，可用姓加輩分稱呼，或直接用輩分稱呼，如張伯伯、趙阿姨。

除了瞭解國內的稱呼，瞭解生活在不同文化背景下的外國人稱謂也十分重要。不論國內、國外，都應注意稱呼中的一些問題：

地區與文化背景。例如，「老」先生是我們對長輩的尊稱，而在西方一些國家則要忌諱說「老」。

上下屬別。當代社會的上、下屬和長輩、晚輩的關係，已不是封建社會的等級關係，使用恰當的稱呼，表現尊敬與親切，是十分必要的。

心理因素。我們的稱呼要注意對方的心理和忌諱，以免稱呼不當。如漁民忌「沉」字，有漁民若姓陳，在他出海、下河前，就不應總叫他「老陳」，以免使人感到不吉利。

6. 說話有時切忌「太直」

在現實生活中，常常都是有一說一，有二說二，無須拐彎抹角，但有時爲了避免傷害他人，或是爲了得到別人的幫助，就必須懂得委婉，不能做所謂的「直腸子」，快人快語，結果事情搞砸得也快。

爲了避免不必要的麻煩，將真話曲折地說出來，往往能得到意想不到的好結果。例如，有人求自己幫忙，但自己實在是辦不到，此時若直言拒絕，一定會使對方難堪或傷害對方，那麼該怎麼辦呢？

有一次，林肯受邀在某個報紙編輯大會上發言，他說自己不是編輯，所以出席這次會議是很不相稱的。爲了說明他最好不出席會議的理由，他給大家講了一個小故事。

「有一次，我在森林中遇到一位騎馬的婦女，我停下來讓路，可是她也停了下來，目不轉睛地盯著我的面孔看。」

她說：「我現在才相信你是我見到過最醜的人！」

我說：「妳大概講對了，但是我又有什麼辦法呢？」

她說：「既然你已生就這副醜相是沒有辦法改變的，但你還是可以在家裡不要出來嘛！」

大家為林肯幽默的自嘲而啞然失笑。林肯在這裡巧妙運用了自嘲來表達自己拒絕的意圖。既沒讓人難堪，還在愉快的氣氛中領悟到林肯的目的。

有時候為了避免直言相告，還可巧妙地尋找藉口來為自己解圍，或是保全他人的面子。

舞會上別人邀請你，你內心實在不想跟他跳，可說：「我累了，想休息一下。」

既達到謝絕目的，又不傷別人的自尊心。

別人與你相約同去參加某一活動，但屆時你忘記了，或後悔而未去赴約。直說出原因，將會影響別人對自己的信任，也是對他人的不尊重。一般情況下，失約的可能原因有身體不適、家中有事、客人來訪等，你可挑選較合情理的一種，做爲事後的解釋。

爲了避免直言，運用各種暗示，以含蓄、隱晦的方法向對方發出某種隱含自己眞實想法和態度的資訊，使對方明白，不失爲妙招。

在與人交談中，慷慨激昂，鋒芒外露，固然是一種本事，但婉言相告，也是一種本領。要學會「繞」，正所謂「曲徑通幽」，輪船正是善於「繞」，才能避開險灘暗礁，一帆風順。

7. 千萬別不懂裝懂

肯定與激勵是建立在相互理解、相互達成共識的基礎上。只有自己眞正懂，才能理解其價值和意義。如果不懂裝懂或將不懂的東西拿去激勵別人，難免要在激勵別人時說外行話，反而被人笑話。

有一名年輕人不懂詩，一個偶然的機會，他有幸遇到一位詩人，年輕人趁機恭維道：「您的詩寫得再好不過了，我讀了好幾遍也沒懂。」年輕人是知其然不知其所以然，這位詩人的詩寫得好，但究竟好在哪裡？年輕人就說了外行話，用讀不懂來形容，簡直是在褻瀆詩人的作品。

激勵別人時說外行話，既不能達到激勵的目的，又暴露了自己的無知，很容易被人家嘲笑。讚美一個人，是對其優點、成績等的賞識和稱讚，因而需要對相關事物有一定的了解。

最聰明的人也不可能樣樣都懂，樣樣都通，但爲什麼有人老是說外行話，而有的人卻說得讓人樂到合不攏嘴呢？這裡有幾個關鍵需要把握。

第一，稱讚適可而止，不必畫蛇添足。

有的稱讚本來已經很讓對方滿意，但他還要繼續誇張其詞，不懂得見好就收。

第二，可用類比的方法。

用自己熟悉的事物去稱讚別人，因爲自己對該事物已深刻理解，能夠做到形象的類比，往往收到非常好的激勵效果。

有一位農婦對繪畫一點都不懂，卻很會誇獎別人的畫。一次，她見到一位畫家畫的小雞啄食畫作，不由驚嘆道：「哎喲！瞧您畫出來的這些小雞，比我家養的那些雞還調皮！」一句話把畫家給誇得樂歪了嘴。

第三，做好充分準備。

知識是激勵別人的泉源，激勵某人之前，可以先對其加以瞭解，再對你要表揚的方面進行一番學習研究，在談話之前就胸有成竹，等要讚揚他人時，不就可以拈來就用，言之有物了嗎？

第二節　激勵的常見策略

1. 讚美開路一拍即合

在每個人成長的歷程中，不乏自己引以為傲、刻骨銘心的事。對於這些事情，每個人都希望得到別人的認同，如果可以得到較高的評價和讚美，更是讓人飄飄然。

要瞭解他人引以爲榮的事其實很簡單。如果是經常來往接觸的人，他的言談就常常會流露出一些線索，「想當年在國外的時候……」、「想當年我年輕時……」、「我參加馬拉松賽跑……」一個人會把眞正引以爲榮的事不時掛在嘴邊。

對於陌生人，則可以透過其職業、所處環境、年齡及年代背景，大致判斷其引以爲傲的事情。一位將軍引以爲驕傲的，可能是他的赫赫戰功，或者是某次著名戰役在他身上留下的一個彈痕。一名歷史教授則必然對自己發表的論文和專業引以爲榮。律師則會以自己辦的大案子而得意，即使是一介農民，也會爲今年只有他種出了特殊品種的西瓜而沾沾自喜。真誠讚美一個人引以爲榮的事情，可以博得別人對你的好感，也自然會充滿對你的感謝之情，從而支持你，或與你相處得更好。

不但如此，讚美一個人引以爲傲的事情，可以使他接受你的觀點，從而改正自己一些錯誤的行爲，讓我們來看一個利用讚美過去而勸諫當下的例子。

楚漢之爭的結果，劉邦打敗了項羽，劉邦自然很驕傲，常常問群臣爲何能打敗項羽這個霸王。群臣深知劉邦勝者爲王的心理，於是對他讚美不已，劉邦遂產生了自滿的心態，慢慢懈怠下來。一次，他生病後整日留在後宮，下令不見任何人，不理朝政。許多身經百戰的元勳都沒辦法勸諫劉邦。大將樊噲想出一個點子，闖進宮中進諫。他擲地有聲地對劉邦的過去讚美一番：「想當初，陛下和臣等起兵豐沛定天下之時，何等豪情壯志！我們上下團結，同甘共苦，打敗了項羽，建立了漢朝基業。」幾句話激起了劉邦的自豪之情，然後樊噲話鋒一轉：「現在天下初定，百廢待興，陛下竟這般精神頹廢，群臣皆爲陛下之病終日惶恐不安，陛下卻不見大臣，不理朝政，而獨與太監親近，難道就不記得趙高禍國的教訓嗎？」

樊噲除了稱讚，又巧妙地批評了劉邦，欲抑先揚，一片肺腑之言，終於使劉邦專心朝政，漢朝呈現欣欣向榮的景象。在這裡，樊噲正是透過劉邦引以爲榮的歷史加以勸諫，終於達到了說服劉邦勤政的目的。

經常讚美老人一生中引以爲榮的事蹟，可以使其倍感幸福。老年人奮鬥一生，歷經滄桑，如果你不瞭解、不讚美他們一生的成果，他們就會感到失望，許多老年人喜歡在晚輩面前談起自己曾經歷過多少風風雨雨，自己是如何艱難創業，這些內容除了有教育意義之外，他更希望自己能得到晚輩的崇敬和讚美。

稱讚一個人引以爲傲的往事，必須注意以下三點：

第一，讚美的語言要表達準確，不能偏離事實。

第二，讚美必須是由衷的肺腑之言。

第三，讚美時要專心，讓被讚美者感覺到你在分享他的快樂和榮耀。

2. 力氣使在節骨眼上

卡內基說過：「就算你喜歡果醬，釣魚的時候，仍然不能用果醬做爲魚餌；這個時候，即使你厭惡蚯蚓，也得利用它，因爲你在釣魚。」這一比喻生動地說明了我們做任何事情都要抓住關鍵處，否則就會南轅北轍，離題千里，永遠到不了目的地。

某煤礦公司總務科有兩位年輕人V先生和Y先生，兩個人性格迥異。

總務科長每回召開員工大會的時候，總會對手下的員工說：「我們這種煤礦場和其他工廠不一樣，工作時千萬要小心謹慎。」這兩句話成了他的口頭禪，只要開會，他就會說一次。

V先生將科長的口頭禪牢記在心，並且把它當成福音一般到處宣傳。在宿舍和礦場裡，常常看到他吼罵工作人員，叫他們務必要小心謹慎，尤其是當M科長來巡視的時候，吼罵得更起勁。此舉頗討科長的歡心，科長常讚美他說：「嗯，很好，非常有精神，又很認真。」相比之下，Y先生卻是一個沈默寡言、認真苦做的老實人。

有一天交班的時候，科長突然叫Y先生的名字，並嚴厲地對他說：「你今天跑到哪兒去了，我巡視時怎麼沒看見你？」Y自覺委屈，哽咽地說道：「今天我一進礦坑，就發現五片延伸頂有傾倒的危險，因此我趕緊去找支架將它頂住，花了很多時間，根本沒法工作。」其實科長根本沒去巡視，他就喜歡玩這種虛張聲勢的遊戲。

一年後V先生和Y先生分別被調職，同事們對V先生不聞問，但是Y先生走的時候，他們夾道歡送。

這位科長犯了一個很大的錯誤，就是喜歡「睜著眼睛說瞎話」，對吼罵下屬的行爲大加鼓勵，對兢兢業業的人橫加指責，盲人摸象總要出亂子。因此這位科長所謂的激勵策略不用也罷。

有一位女歌星，從日本到香港，打算小住之後便到東南亞表演歌舞。她需要一兩個短劇本，她屬意一位香港很有名的作家爲她動筆。

這位作家學貫中西，文筆風趣，但他性情古怪，而且工作忙碌，邀稿的勝算不大。

女歌星由某導演的介紹，和該作家共進晚餐，但不知道如何向他開口提出寫劇本的請求，於是向朋友請教。

「妳打算請他寫什麼短劇呢？」

第二節
激勵的常見策略

「隨便他好了，只要他肯寫就行。」

「這樣不好，他不明白妳的需要，可能寫得不理想，等他寫好之後，妳發覺不理想又要請他修改，問題就大了！」

「我最希望他替我寫啞女奇緣，不過要有新的內容，不要以前那種刻板的故事。」

「這樣很好，他以前寫過不少這類的東西，妳只要說知道他寫過這類劇本，十分崇拜就行了……」

過了兩天，這位歌星給她朋友打電話，說她成功了。

她對朋友說：「我們晚餐時，一直談論他過去的那些得意之作，講起他的作品在日本如何受人歡迎。」

「對了，這就是恰到好處的讚美奏效了。」

是的，任何人都有自己的生活方式，你要想與之相處，或想透過激勵他來獲得幫助，你就必須進入他的生活，這樣，他才能在相互來往時感到愉快，因而洩露和允諾一些平時隱晦的事情。

記住，抓住那個令人興奮的「節骨眼」，你一定就會成功。別像那位M科長，沒有找到他應該激勵的對象，結果適得其反。

3. 退一步海闊天空

我們和別人是不同的主體在共同演一齣戲。如果人人都想一直扮演主角，那麼總會發生一些衝突。

人生舞台需要配角，你想在激勵他人時取得最佳效果，那麼有些時候，擔任配角是必不可少的，你必須把自己當成一株小草，襯托出他人的威風、高大。

紐約電話公司對電話中的談話作了一項詳細的研究，想找出哪個字在電話中被提到的次數最多。那個字便是「我」，在五百通電話中，這個字出現了三千九百五十次。

拿起一張自己也在內的團體照片，你第一個會先看誰呢？如果我們在別人面前一味表現自己，意圖使別人對我們感興趣的話，你將永遠不會有許多真實而誠摯的朋友，也不會有持久的成功。

第二節
激勵的常見策略

一個成功會談的秘訣是什麼？學者以利亞說：「關於成功的人際來往，沒有什麼秘訣……專心注意地對待你講話的人極爲重要，沒有別的東西像那樣使人開心的。」

很明顯，是嗎？你無需在大學裡讀四年的書才發現這一點。有的商人租用豪華的店面，爲廣告花費數百萬元，卻雇用不知聆聽的店員，這樣的店員打斷顧客的話、反駁顧客、激怒顧客、蔑視顧客，等於是把顧客驅趕出店。

始終挑剔的人，甚至是最激烈的批評者，通常會在一個善於聆聽者面前軟化降服——這位聆聽者要在氣憤的挑釁者，或對手像一條蟒蛇正張著大口吐出舌信時靜靜聆聽。所以，如果你想成爲一個善言的人，你首先得學會聆聽；你想讓別人對你的激勵感興趣，那你得先讓人感到有情趣。問別人喜歡答的問題，激勵他的成就。

忘記自己，而不能忘記你對面正在說話的人，對他的興趣必須超過對自己，此時無聲勝有聲。退一步海闊天空，你能以配角的身份聆聽他人的言說，這就像眞誠激勵他人一樣地有效。

4. 明察秋毫，意義重大

大多數人不願從小事上去激勵別人，這是偏見遮住了他們的眼睛。分工不同，責任不同，使人們認爲別人做的事是分內之事，是「應該」的，無需大驚小怪，做不好就要批評，做好了是責任，在這種偏見的驅使下，很多人不能正視別人的小成績。

其二，有人胸懷治國平天下的大志，但眼高手低。對於「小打小鬧」不以爲然，認爲那些事普普通通，沒什麼了不起，小菜一碟，形同虛無。

其三，「熟人效應」。周圍的人對大家來說太熟悉了。要嘛，就是區區小事，不足掛齒，不用說什麼；要嘛，就是視若無睹。每天我們走在乾乾淨淨的馬路上，都覺得無所謂，髒了該罵清潔工。父母爲你嘔心瀝血，去除了生活道路上的坎坷，我們卻只知茶來伸手飯來張口，他們在你眼裡是「隱形人」。同事、親戚、朋友時時都在關照你，你卻受之泰然。

以上這些態度都是應當修正的。

就小事而論，它的確沒有非常重大的意義，但一件小事往往會引發大事；幾件

第二節
激勵的常見策略

小事加在一起，就有可能產生意料之外的結果和意義。

一位保全巡邏時發現倉庫門口的滅火器壞了，及時向總經理報告。總經理安排相關負責人買了新的滅火器。一晃半年過去了，誰也沒有把這件事放在心上。有一天，庫房因電線短路突然起火，幸好火勢被及時撲滅，忙亂中，總經理首先想到的是那位細心的保全。如果不是他發現滅火器壞了，及時更換，那麼庫房恐怕完了，公司也保不住了。總經理連忙表揚了這位保全，代表公司向他致謝，號召全體員工向他學習。事過半年了，總經理在日理萬機中竟然還記得保全的報告，如果把事情分割開來想，一個小小的保全恐怕早已被遺忘在某個角落裡，誰也不會發現報告的重大意義。

要從小事激勵別人，自己首先得做一個有心之人，善於發掘激勵的材料，看到小事背後的重大意義，這就要留心觀察，細心思考。

小事猶如一塊塊未經雕琢的璞玉，你沒有一雙識別它們的慧眼，細心鑑別，它就會永遠埋藏在山野石林之中，人們將很難發現它們的價值。

你瞭解周圍每一個人的長處和短處嗎？你有沒有看到周圍細微的變化？你是否

能欣賞別人，哪怕是一丁點兒的優點……

無數的小事和有數的大事組成了我們繁瑣的生活。如果我們只是睜大眼睛注視後者的「重大意義」、「歷史性的價值」，那麼你就會覺得生活是虛空的。

相反的，如果人人都去關注自己周遭的小事，那麼在彼此的激勵中，所獲得的是人與人之間蕩漾的溫情。

無論你是何許人，你的那些閃亮之處（哪怕微乎其微）就會在明察秋毫的讚美滋潤下，獲得生存的眞實感。

5. 把握分寸，恰到好處

正如同幾何學中，線段有一個黃金分割點，我們也常常用某種標準來衡量一件事物的好壞。社會一直在向法制靠攏，希求一個準則能使天下太平。孔孟的「中庸之道」，總是告誡我們「過猶不及」。

激勵也一樣，有一個黃金分割點。我們不能對別人的激勵無動於衷，過於木訥。這是一個主動的社會，不瞭解其中道理，不知道激勵，就有違人的本性，只能苟且生活，被社會遺忘，在默默無聞中虛度生命。多數人在年老之際總是感慨與無奈，因為大多數人都屬於平庸之輩，能像拜倫死前說「我現在要睡下了」的人微乎其微。是啊，我們總是對自己過去的事情抱憾，絕大多數的人都沒有善盡份內之事。

第二節
激勵的常見策略

然而，尼采過度地激勵自己，死前自稱為太陽，結果發狂了。要知道激勵往前跨一步，它也會瘋。適度的激勵，會使人心情舒暢；反之，則使人尷尬得很，反感噁心。合理把握激勵的「度」，就成為激勵者必須要重視的問題。

具體做到激勵之術的「黃金分割點」，有人總結出下面若干經驗：

激勵他人必須努力做到實事求是，恰如其分；激勵的方式因事情而定，「高帽子」亂戴，就會起反效果；激勵他人的次數、頻率都要適可而止，讓別人失去新鮮感和成就感，激勵就會失效。

當一個母親看到自己的孩子就說：「你是一個好孩子，我看到你，就感到欣慰，覺得自己的生命在延續。」這種話很有分寸，不會使孩子在激勵之辭中產生不健康的優越感。但如果這位母親說：「孩子，我一看到你就是個天才，你比其他人厲害多了，你今後會成爲偉人……」那會把孩子引入歧途。

物極必反，樂極生悲。自然界爲我們創造了如此豐富的辯證法，要我們像庖丁解牛一樣，從其中最準確的位置走過去。

激勵他人就是這樣包含刺激與冒險的樂事。我們都要努力去做，因爲我們不想苟且於芸芸衆生，我們也不願意自己或別人「發瘋」。我們更願意對孩子說：「你是個好孩子，看到你我就感到欣慰……」我們更憧憬於將來的某一時刻，像拜倫那樣輕鬆：「我現在要睡下了。」

這都是激勵的「黃金分割點」給我們的滿意答案。

6. 一點新意，一片天空

前面已經說了許多關於激勵的細節，如果再加上一些有「新意」的話，激勵之術就更趨於完美。

這裡說的「新意」主要是幽默的方式。

日本學者板川山輝夫在其《說話的藝術》書中寫道：「如果問什麼是高明的說

話方式，從某種意義上可以說它便是幽默的說話方法。」我們也可以這樣說：「如果問什麼是高明的激勵方式，從某種意義上來說，它就是幽默的激勵。」幽默在激勵藝術中占舉足輕重的地位。

湯姆受聘於一家公司的銷售部經理，他採用新的行銷戰術，讓公司兩個月後銷售量大增，倉庫囤貨一掃而空。老闆非常高興，拍拍湯姆的肩膀說：「你做得非常出色！繼續努力。」

「好，」湯姆說，「但你爲什麼不把你的表揚放在我的薪水袋裡呢？」

「一定會的，年輕人。」老闆信守諾言。

當下個月湯姆領到薪水袋時，發現裡面附著一張小紙條，寫著：「你做得非常出色！繼續努力，表現更好。」

這個小故事生動說明了幽默在激勵的話語中是多麼重要，它使你的讚美輕鬆舒暢，妙趣橫生，在自然的氣氛中獲得對方的認可和支持，使他人與自己心照不宣，拉近心靈之間的距離。

激勵的新意還表現在根據不同的場合，針對對方的性格、文化背景、習俗等諸多因素來決定「新」的方式。

人品是一個重要的基本素質，中國人自古以來就是一個重倫理、重道德的民族。所以人品成爲中國人心目中一個非常崇高的東西，無論知識份子、從政從商者都視名譽爲生命的重要部分。這就是一個激勵中國人的好題材。孔子對顏回說：「賢哉，回也！」這種激勵以人品爲基點，從中翻出新意來。

在西方，上司對下屬的激勵在一般情況下可以是「謝謝」、「你做得很出色」等寥寥數語，而在我們的習慣更可能是一頓飯，或者一支香煙。

第三節　激勵中的批評藝術

1. 忠言逆耳利於行

人常說批評是「忠言逆耳」，卻是「利於行」的。其實，願意批評我們的人，一般都是真心對待我們，希望我們能改正缺點，朝著好的方面發展，對我們可謂是一片坦誠。

小時候，父母、家人透過批評來告訴我們，什麼是對的，什麼是該做的。回想一下我們的童年，誰不是常聽到這樣的批評：「不要把手放在嘴裡！」「吃飯前怎麼不洗手？」「你太調皮了，真不聽話。」長大一些又會聽到諸如「不要只關心自己，要關心一下別人」，「別老遲到」等來自老師、同學的批評。幾乎沒有人能做到從不批評別人，也幾乎沒有人會從來不受到別人的批評。

批評是使人更加成熟和完善的良方，是使人成功的階梯。從批評中可以認識到自己的缺點、錯誤，從而修正自己的言行、思想，慢慢形成自己正確的處世方法和對待生活的態度。假如視批評爲別人對自己的打擊，一聽就如坐針氈、暴跳如雷，人就無法進步了。

從前，郭國的國君出逃在外，他對爲他駕車的車夫說：「我渴了，想喝水。」車夫把清酒獻上。他又說：「我餓了，想吃東西。」車夫又送上牛肉和乾糧。

國君問：「你怎麼有這些東西？」

車夫回答：「我儲存的。」

又問：「你爲什麼要存這些東西？」

車夫又回答：「爲您出逃路上充饑解渴呀！」

「你知道我將要出逃嗎？」

「是的。」

「那你爲什麼不事先提醒我呢？」

車夫回答說：「因爲您喜歡別人說奉承話，卻討厭人家說眞話。我想過要規勸您，又怕自己比郭國滅亡得更早，所以我沒有勸您。」

國君一聽變了臉色，生氣地問：「我所以落到出逃的地步，到底是爲什麼

第三節
激勵中的批評藝術

呢？」

車夫見狀，連忙轉變話題，說：「您流落在外，是因爲您太有德了。」

國君又問：「有德之人卻不被國人收留而流落在外，這是爲什麼呢？」

車夫回答說：「天下沒有有德之人，只有您一個人有德，所以才出逃在外啊！」

國君聽後喜不自禁，趴在車前橫木上笑起來，說：「哎呀，有德之人怎麼受這等苦！」他覺得身心勞累，就枕著車夫的腿睡著了。

車夫用乾糧墊在國君頭下，自己悄悄走了。後來，國君死在田野裡，被狼吃掉了。

國君在窮途末路之時，仍不能體會對自己忠心耿耿的車夫所持的一片赤誠之心，仍改不掉喜歡聽奉承話的毛病，由此可知，他的失敗不是偶然的。

不過，有良苦的用心還需有良苦用心的表現，讓對方知道批評者是打心眼裡欣賞自己、喜歡自己、支持自己或是爲了自己著想，才能讓對方心悅誠服地接受批評。批評者首先要考慮批評是否有益對方，能否讓被批評者相信改進之後，於自身有益。不能誘之以「利益」的批評，會使被批評的人覺得自己改正行為只是給別人得好處，於是對批評起反感，而讓原本的一片好心也因方法不當而遭人誤會。

就心理學而言，一個批評與被批評的過程，是批評者與被批評者在思想、感情上相互交流與認同的過程。人在批評過程中愈是尊重、理解對方的處境，就愈能夠獲得對方的重視與接受。在發表批評意見時，尊重，會使人懂得愛護別人的自尊心，維護其面子，不出語傷人，不逞口舌之利；理解，會使人學會設身處地去替別人思考問題，講話不自以為是，不強加於人。在接受批評意見時，尊重，會使人竭力認同別人批評意見中的有益部分，並予以積極的肯定。

人們愈是能夠尊重、理解人，就愈能夠冷靜、客觀地面對別人的批評意見。尊重、理解是使忠言不逆耳、聞過不動怒的轉化條件。

師經是魏國宮廷裡的一位琴師，經常給魏文侯彈琴。

一天，師經彈琴，魏文侯隨著樂曲跳起了舞，並且高聲說道：「我的話別人不能違背。」

師經拿起琴去打魏文侯，沒有打中，只把魏文侯帽子上的穗子扯斷了。文侯問手下說：「身爲人臣卻打他的國君，應該處以什麼樣的刑罰？」

手下的人說：「應該燒死他。」於是把師經帶到堂下的臺階等候處刑。

師經說：「我想在死之前說一句話，可以嗎？」

文侯說：「你說吧！」

師經說：「以前堯舜做國君時，只怕他講的話沒有人反對；桀紂做國君時，只怕他講的話遭到別人的反對。我打的是桀紂，不是我的國君。」

文侯聽後說：「放了他吧！這是我的過錯。把琴掛在城門上，用它做我的符信；不要修補帽子上的穗子，用它來時常告誡我自己。」

師經爲文侯考慮，批評文侯不該學桀紂獨斷專行；而文侯也從批評中聽出這是師經對自己的忠心與關懷，所以才能接納逆耳忠言，並免了師經的死罪。

2. 點到為止，死海復生

晏子是齊國一位善諫的大臣。晏子死了十七年後，齊景公有一次請大夫們喝酒。

景公射箭射到靶子外面，滿屋子的人卻衆口一詞地稱讚他。景公聽後變了臉色，並嘆了口氣，把弓丟在一旁。

這時，弦章進來了。景公說：「弦章，自從我失去晏子到現在已經有十七年了，從來沒有聽到別人對我過失的批評。今天我射箭射到靶子外，他們卻異口同聲地讚美我。」

弦章說：「這是那些大臣的不好。他們本身素質不高，所以看不到國君哪些地方不好；他們勇氣不夠，所以不敢冒犯國君的尊嚴。但是，您應該留心一點，我聽說國君喜歡的衣服，大臣就會拿來替他穿上；國君喜歡的食物，大臣就會送給他吃。像尺蠖這種蟲子，吃了黃顏色的東西，牠的身體就要變黃，吃了綠顏色的東西，牠的身體就要變綠。」

弦章的話在景公聽來頗有道理，明白了奉承者不過是投自己所好，如果自己對奉承話深惡痛絕，就很少會有人來自討苦吃了。弦章雖未直接進一步批評景公，因爲喜歡聽奉承話才造成如此局面，但景公已深刻領悟到這一點。弦章當時若是再畫蛇添足地批評景公一番，反而不會有點到爲止的功效。

第三節
激勵中的批評藝術

當人們發表批評意見時，還要注意不要滔滔不絕講個不停，使當事人沒有時間與機會來思考你所提出的意見。這種囉嗦不僅沖淡了主題，也是對當事人不尊重的表現。

在心理諮詢當中，心理醫生常常在講話中有意地停頓幾秒鐘，以觀察對方是否有話要說。同時，他還會不斷地運用沈默來暗示對方思考自己講過的話，並提出問題。這種手段不單給諮詢者以充分說話和思考的機會，還可促進心理醫生與諮詢者之間的相互共鳴和理解。

卡內基把說話囉嗦視爲干擾人們接受批評意見的因素之一。他指出：「我們每說一句話，都應顯示出說話的價值與力量。沒有力量的話就是沒有價值的話，等於沒說一樣。不能達到說話目的，那就是廢話，廢話就意味著囉嗦。」所以，批評的藝術還在於言語簡明扼要，給人以豐富的聯想。反之，話講多了會起反作用，讓對方產生反感而事與願違。這就是「物極必反」的道理。

發表批評意見時，還應該避免擴大事端，將一些不相關的事情也扯進來，使得當事人愈聽愈不耐煩，特別是對於好面子的人，不斷擴大批評範圍，無疑是逼他反彈。

夫妻之間、父母子女之間常見的問題就是嘮叨。本來是出於對彼此的愛與關心，但很多關心的話語不是就事論事，而是一件事做錯了，又將以前做錯的也牽扯進來，使得對方不但不能心甘情願地接受當前的批評，反而還不得不爲自己以前的行爲辯護。

就心理學而言，在批評當中擴大事端，等於改變兩個人原有的認知對象及其認同條件。例如，丈夫因「一天不做家事」，進而受到妻子指責他「從來都不做家事」時，他會本能地加以反駁，因爲其批評已經離題，把以前所有錯與沒錯的事混在一起，難怪丈夫會感到委屈不服氣。

另外，一個過錯進行一次批評。批評兩次完全沒有必要，多一次就成了嘮叨。如果總把過去的錯誤翻出來嘮叨沒完，對於批評者來說完全是愚蠢和無效的。

「妙語精言，不以多爲貴。」批評人，話不在多，而在精妙。言語精練，使聽者在最短的時間裡獲得最多的資訊；一語道破，使對方爲之震動，猛然醒悟。如果拖泥帶水，東扯西拉，反而使人不得要領，感到不知所云，甚至產生反感，也就達

第三節
激勵中的批評藝術

不到批評的目的了。

3. 打一巴掌不忘揉三揉

指出別人的缺點，可能傷害到對方，又可能因對方態度蠻橫傷及自己，這時，需要用讚美的話語做中和，令對方反駁不是，發怒也不是，批評得有理有據，令其心悅誠服地接受。

首先必須設想一個限度，否則你的忠告也許會適得其反。當你要指出別人的缺點時，必須先認識到人的脆弱及不完美，且保持著自我反省的心態，以及願意與對方一同背負過失的謙虛態度，讓對方自覺到自己的缺點和錯誤。其次，爲了避免引起對方的抗拒心理，必須要事先準備好話，在批評他人之前，先將這副「靈丹妙藥」給對方服下，然後再轉入正題。當對方因你指出的缺點而感到難過和難以接受時，表揚就起了很大的中和作用。

我們經常看一些歌唱比賽、辯論賽，專家在講評時，經常用這種幾乎是無往不利的妙招：先指出選手的優點，再根據具體情況指出不足之處。比如對方是位歌手，就先指出他音質不錯，舞臺上的表演很有感染力，只是缺乏經驗，細節處理不夠好；如果對方是辯論家，可以先表揚他頭腦靈活，才思敏捷，再指出他的一些失誤。

在談判桌前、在工作中、在生活上、在一切與人相處中，都會用得著這一招「先揚後抑」法。老師爲了不打擊學生的自信心和學習熱情，總會先分析這位學生的優點、進步的地方，然後再慢慢道出他的不足之處。這種方法讓人在心理上能夠接受，面子上也過得去。既達到目的，又保住自己，且不傷害別人，何樂而不爲呢？

某科長有一天誇他的一位女秘書：「妳昨天擬的那份報告很好，我很喜歡。」女秘書聽了受寵若驚，很是高興。這位科長又不急不徐接著說：「可是，以後打字多加注意，不要有錯別字。」

這位科長的方法值得效仿。就像一種很苦的藥丸，外面裹上糖衣，先讓人感到甜味，容易一下子吞到肚裡。藥物進入腸胃，藥性發生作用，病人既不會感到藥苦難以下嚥，又把病治好了。如果科長直截了當地指出「以後注意錯別字」，女秘書可能會覺得羞愧、難以接受，或者還要爭辯幾句。這樣，對秘書的規勸就失去效果，還可能引起下屬的不滿，令雙方不愉快。

良藥未必苦口，批評也要講究方法。不顧時間、地點、對方心理，直接了當劈頭就一陣冷言惡語，達不到批評的目的，反而會適得其反。學會有技巧地指出別人的錯誤和缺點，好處多多！

4. 棉裡藏針，批評有術

人人都喜歡好話，批評總是令人難堪。但是「人非聖賢，孰能無過」，如果發現別人的錯誤而不能指出，甚至還要隨聲附和，那會是件多麼令人難過、不安的事。

因此，要擺脫「說」還是「不說」這種左右爲難的尷尬局面，需要掌握批評的技巧。批評是交際中最難把握的一種表達方式，要考慮時間、地點、對象等多種複雜因素，其宗旨是要照顧對方的自尊心，力求不傷害對方。

我們經常會看到這樣的場面：主管不分場合大聲斥責下屬，以爲這樣就可樹立威信；家長不顧孩子的感受，嘮嘮叨叨不停指責孩子的缺點，以爲這就是對他們的愛；老師一臉嚴肅的厲聲訓斥學生，以爲這樣他就會發奮學習。且不評判他們的做法對否，看一下實際效果吧！這種批評方式往往事與願違，即使對方感覺到自己的錯誤，也會強詞奪理，甚至拂袖而去，弄得不歡而散。

如果我們換一種方式，私下與其交換意見，委婉表達自己的想法，並與他陳述事實，講道理，分析利弊，他就會心悅誠服，眞正接受你的批評和幫助。

可見，批評的方法是關鍵，方法不同，效果當然也不同。有效的批評大致有以下四種具體方式。

1. **啓發式**。要使對方從根本、從內心認識到自己的錯誤，需要曉之以理，動之以情，循循善誘，幫助他認識、改正錯誤。

2. **幽默式**。幽默式批評就是在批評過程中，使用富有哲理的故事、雙關語、形象的比喻等，舒緩批評時緊張的對立，啓發對方的思考，從而增進相互間的感情交流，使批評不但達到教育對方的目的，同時也創造出輕鬆愉快的氣氛。

思想家伏爾泰曾有一名懶惰的僕人。一天，伏爾泰請他把鞋子拿過來。鞋子拿來了，但沾滿泥汙。伏爾泰問道：「你早晨怎麼不把它擦乾淨呢？」

「用不著，先生。路上儘是泥汙，兩個小時以後，您的鞋又要和現在一樣髒了。」

伏爾泰沒有講話，微笑著出門去。僕人趕忙追上去說：「先生慢走！鑰匙呢？食櫥上的鑰匙，我還要吃午飯呢！」

「我的朋友，還吃什麼午飯。反正兩小時以後你又將和現在一樣餓了。」

伏爾泰巧用幽默的話語，批評了僕人的懶惰。如果他厲聲喝斥他、命令他，就不會有這麼好的效果了。

3.**警告式**。如果對方犯的不是原則性的錯誤，或者不是正在犯錯現場，我們就沒有必要「眞槍實彈」地對其加以批評。可以用溫和的話語，只點明問題，或者是用某些事物對比、影射，做到點到爲止，發揮警告的作用。

4.**委婉式**。委婉式批評也稱間接批評。一般採用借彼喻此的方法，讓被批評者有思考的餘地。其特點是含蓄婉轉，不傷被批評者的自尊心。

有一次宴會上，一名出奇肥胖的夫人坐在身材瘦小的蕭伯納旁邊，帶著嬌媚的笑容問大作家：「親愛的大作家，你知道有什麼辦法防止肥胖嗎？」蕭伯納鄭重地對她說：「有一個辦法我是知道的，但是我怎麼想也無法把這個詞翻譯給妳聽，因爲『勞動』這個詞對妳來說是外國話呀！」

蕭伯納這種含蓄委婉、柔中帶剛的批評方式強而有力。

總之，批評的方法應以教育爲主，用事實教育人，用道理開導人，用後果提醒人，從而使對方誠心誠意地接受批評。

激勵故事：唯一可以依靠的就是你們

一八六〇年，林肯成爲美國共和黨總統候選人，他的對手是大富翁道格拉斯。道格拉斯租用了一輛豪華的競選列車，車後安放一尊大炮，每到一站，就鳴炮三十響，加上樂隊奏樂，聲勢之大，史無前例。道格拉斯得意洋洋地說：「我要讓林肯這個鄉巴佬聞聞我的貴族氣味。」林肯面對此情此景，一點也不懼怕，他照樣買票乘車，每到一站，就登上朋友們爲他準備的耕田用馬拉車，發表這樣的競選演說：

「有人寫信問我有多少財產。我有一個妻子和三個兒子，他們都是無價之寶。此外，還租有一間辦公室，裡面有辦公桌子一張，椅子三把，牆角還有一個大書架，架上的書值得每個人一讀。我本人既窮又瘦，臉蛋很長，不會發福，我實在沒有什麼可以依靠的，唯一可依靠的就是你們。」

選舉結果大出道格拉斯所料，竟是林肯獲勝，當選爲美國總統。

眞誠能夠感人，正所謂「精誠所至，金石爲開。」而一個人要想成就一番偉業，不能沒有他人的幫助。一個眞誠的普通人經由衆人的信任支持，也可以實現自己的夢想！

激勵故事：小虎鯊的遭遇

小虎鯊一出生就在大海裡，很習慣大海中的生存之道。肚子餓了，小虎鯊就努力尋找大海中的其他魚類來吃，雖然要費點力氣，卻不覺得困難。

有時候，小虎鯊必須追逐良久，才能獵食到魚類。隨著經驗的長進，獵食的挫折並不會對小虎鯊造成困擾。

很不幸，小虎鯊在一次悠游追逐時，被人類捕走了。離開大海的小虎鯊還算幸運，一個研究單位把牠買了去。關在人工魚池中的小虎鯊，雖然不自由，卻不愁吃。研究人員會定時把食物送到池中，都是些大大小小的魚食。有一天，研究人員將一大片玻璃放到池中，把水池隔成兩半，但小虎鯊不懂得分辨。

然後，研究人員把活魚放到玻璃的另一邊，小虎鯊一見活魚就衝了過去，撞到玻璃，痛得頭眼昏花，什麼也沒吃到。

小虎鯊不信邪，等了幾分鐘，看準一條魚，咻！又衝過去，這次撞得更痛，差點沒昏倒，但一樣吃不到。

休息十分鐘之後，小虎鯊餓壞了，這次看得更準，盯住一條更大的魚，咻！又衝過去，情況沒改變，小虎鯊撞得嘴角流血。小虎鯊想不通到底是怎麼回事，悶在池子裡。

終於，小虎鯊拼了最後一口氣，咻！再衝，仍然被玻璃擋著，撞了個全身翻轉。小虎鯊放棄了。

幾天後，研究人員又來了，他們把玻璃隔板拿走，任隨小魚在池中游來遊去。小虎鯊看著到口的魚食，卻不敢去吃，餓得眼睛昏花，不知道怎麼辦。

人同樣很容易被過去的經驗制約，面臨挫折的時候，我們不妨想想小虎鯊的遭遇吧！困難就像池中的大片玻璃，我們撞上時會疼痛，但是玻璃並非永遠都在。

不要被困難擊倒，即將到口的獵物，正等著你飽餐呢！

第四天 讓「海豚」歡快地跳躍

評價和估量一個人，首先應該把重點放在哪裡呢？是他的優點還是他的缺點？是他的成功之處還是他的失敗之處？答案當然是前者，而不是後者。

衆所周知，世上沒有盡善盡美的人。重點是所要尋找的優點，必須是公司欠缺的，因而也是公司最急需的優點。

第一節 有效的激勵

1. 激勵員工十四法

行爲科學認爲，激勵可以激發人的動機，使其內心渴望成功，朝著期望目標不斷努力，不過管理者應該清楚，激勵員工哪方面的行爲，是可以降低成本、加快工程進度，還是提高顧客的滿意度。目標確定後，可以參考如下方法激勵員工：

1. 爲員工提供一份挑戰性工作。按部就班的工作最容易消磨鬥志，要員工有振奮表現，必須使工作富於挑戰性。管理者要指導員工在工作中成長，爲他們提供學習新技能的機會。

2. 確保員工得到相應的工具，以便把工作做到最好。凡投身於主管技術的公司工作，一般都令人士氣高昂。擁有本行業最先進的工具，員工會引以爲豪，如果他們能自豪地誇耀自己的工作，這誇耀中就蘊藏著巨大的激勵作用。

3. 實施的過程中，管理者應當爲員工提供相關資訊。這些資訊包括公司的整體目標任務，需要專業部門完成的工作，及員工個人必須著重解決的具體問題。

4. 實際執行的員工是這項工作的專家，所以管理者必須聽取員工的意見，邀請他們參與制定和工作相關的決策。坦誠交流不僅使員工感到他們是參與經營的一分子，還能讓他們了解經營策略。這種坦誠交流和雙向資訊共用若是能夠成爲經營過程中不可缺少的一部分，則激勵作用更有效。

5. 建立便於各方面交流的管道。員工可以透過這些管道提問題，訴說關心的事，或者獲得問題的答覆。公司鼓勵員工暢所欲言的方法很多，如員工熱線、意見箱、小組討論、舉辦說明會等。

6. 當員工妥善完成工作時，管理者應當面表示祝賀。這種祝賀要及時，要說得具體。如果不能親自表示祝賀，管理者應該寫張便條，讚揚員工的良好表現。書面形式的祝賀能使員工看得見管理者的賞識，那份「喜孜孜的感受」會更持久一些。管理者還應該公開表揚員工，引起更多員工的關注和贊許。

7. 開會慶祝，鼓舞士氣。慶祝會不必隆重，只要及時讓團隊知道他們的工作相當出色就行了。

8. 管理者要經常與員工保持聯繫。學者格拉曼認爲：「跟你閒聊，我投入的是最寶貴的資產——時間。這樣，便突出了彼此關係的重要性，表明我很關心你的工作。」

9. 瞭解員工的實際困難與個人需求，設法滿足。這會大大鼓舞員工的積極性。像是在公司內安排小孩的相關照顧事宜、採用彈性制度等。

10. 以工作業績爲標準提拔員工。憑資歷升級的升遷制度不能鼓勵員工爭創佳績，反而會養成他們坐等觀望的態度。

11. 制定一整套內部提拔員工的標準。員工在事業上有很多想做並能夠做到的事，公司到底提供了多少機會實現這些目標？員工會根據公司提供的這些機會來衡量公司對他們的投入。

12. 強調公司願意長期僱用員工，向員工表明工作保障問題最終取決於他們自己，但公司盡力保證長期聘用。

13. 公司洋溢家庭般的氣氛。融洽的工作氣氛說明公司已盡心竭力建立起一種人人爲之效力的組織結構。如果是背後捅刀，辦公室人事紛爭，士氣低落，連最積極的人也會變得死氣沈沈。

14. 員工的薪水必須具有競爭性。要依據員工的價值來定報酬，當員工覺得自己的報酬合情合理時，公司也可獲益良多。

所謂激勵員工，說白了就是尊重員工，員工最需要的就是這些。

2. 合理正確地獎勵員工

管理人員應該是主動工作和認眞負責的，而不是像機器那樣只是聽人使喚。愈是高級、高層次的管理人員，愈應該有認眞負責的工作態度和高尙的管理道德。那些只滿足低標準、屢犯錯誤、消極散漫的管理人員，都必須撤換職務，或者免職。

當然，這種懲處並不是意味著不允許犯錯；也不等於說，凡是犯了錯誤的都要予以懲罰。對於有上進心的人來說，失敗乃是成功之母。許多公司優秀的管理人員之所以優秀並不是他們沒犯過錯誤，而在於他們爲了創新而犯錯誤；因此他們犯錯的次數愈多，所積累的經驗愈豐富，而他們創新的可能性就愈大。相反的，那些雖未犯錯誤，但工作平庸、毫無上進心的人應該被調離較高主管職位。重點不在是否犯錯誤，而是管理人員的責任心，看他是否盡到了自己的工作本份。

爲了充分發揮管理人員的積極性，必須對管理人員和他們的工作做出合理、公正的評價。正確地評價他們的工作，估量他們的責任心，是進行獎懲的基礎，也是提升或調離職務的依據。

任何一個辦得好的企業，它的管理人員之所以能盡到管理責任，主要是因爲企業對管理人員能及時並公正地進行評價，同時又依據評價做出恰當的獎勵或懲罰。凡是這樣做的公司，它的各級管理人員就能盡到自己的管理責任，保持旺盛的工作熱情，有上進心，員工很自然地在工作中展開競賽。久而久之，就會形成良好的工作風氣和習慣，以上進爲榮，以消極平庸爲辱。這種優良文化的形成，是企業的精神財富，是無價之寶、年年賺錢的基礎。

但是，要對管理人員的工作做出正確的評價，必須有一整套的評價制度和方法。歐美各大公司往往要聘請心理學專家對每個人進行評價。

對一名管理人員的評價，必須是全面而有系統的。評價一個人的工作成績，切

第一節
有效的激勵

忌片面和主觀。因此，不要草率地根據一、兩件事就做出判斷。對一個人做出正確的判斷需要較長時間的觀察、核對和比較。

在進行評價的時候，要聽其言，觀其行，以他所做出的實際工作成績作爲衡量的主要標準。在一家公司裡，首先要看他的工作是否有助於推動公司的發展，或者有助於公司完成目標。公司要特別防備那些只會說而不會做的人，要獎勵那些埋頭苦幹和認眞負責的人。

經常有些人只會奉承阿諛，但又無實際工作能力。這種人爲了使公司重用自己，有時不惜吹牛說謊，誹謗別的優秀同事。公司應該防範這種人升任高職，因爲提升了他們就等於懲罰了那些眞正認眞負責的人。只會說花言巧語，但無實際能力的人，往往兼有說謊和誹謗別人的特質。因爲他們自己既無實際工作能力，又想要獲取要職，其唯一的出路便只能說謊或誹謗別人。公司若縱容這些人，就等於用一堆垃圾堵塞了公司進一步發展的通道；因爲讓這種人擔任管理職務，其他人就不能發揮作用，甚至會因此而埋沒人才。

經常有些公司由於用人不當，把那些只會說而不會做的人提拔到重要的管理職務上，造成眞正做事的人無法安心工作，甚至離職。最後公司自上而下形成一種說空話的作風，各級員工也失去了工作的主動性和積極性。長久下來，等於喪失了公司的靈魂和活力。

評價和估量一個人，首先應該把重點放在哪裡呢？是他的優點還是他的缺點？是他的成功之處還是他的失敗之處？當然是前者，而不是後者。

衆所周知，世上沒有盡善盡美的人。重點是所要尋找的優點，必須是公司欠缺的，因而也是最急需的優點。比如，公司裡技術人員齊全，原料充足，但是欠缺有組織能力的經理。這時，我們所選擇的應該是有很強組織能力、有豐富組織工作經驗的人。用人要使人盡其所長，使他發揮自己的優點；至於他的缺點，只要不影響到工作，不影響到別人發揮積極性，就不必要求過苛。

一個人的優點和缺點是相對的，是有發展變化的。也就是說，一個人的優點和缺點要發生作用，必須具備一定的條件。企業管理組織的宗旨是要創造條件，發揮各級管理人員的優點，並盡可能地抑制其缺點。

3. 激勵人才八法

信任激勵法

一個社會的運行必須以人與人的基本信任做潤滑劑，不然，社會就無法正常有序地運轉。信任是加速自信心爆發的催化劑，而想要成功，自信比努力更為重要。信任激勵是一種基本的激勵方式。群體之間、上下屬之間的相互理解和信任，是一種強大的精神力量，它有助於人與人之間的和諧共振，有助於團隊精神和凝聚力的形成。

主管對群體的信任，表現在相信群體、依靠群體、發揚群體的精神上；對下屬的信任則表現在平等待人、尊重下屬的勞動、職權和意見上。這種信任表現在「用人不疑，疑人不用」，而且還表現在放手任用上。劉備「三顧茅廬」請諸葛亮，顯出一個「誠」字；魏徵從諫如流，得益於唐太宗的一個「信」字；這都充分體現了對人才的充分信任。只有在信任基礎之上放手任用，人才方能發揮最大的動能和創造性，有時甚至取得自己都不敢相信的絕佳成績。

職務激勵法

一個才德兼備、會管理、善用人、能夠開闢新局的可造之才，公司應把握實際需要及時提拔重用，以免打擊了「千里馬」的積極性。身爲主管就是要有識才的慧眼，千萬不能因主管者自身的私利，而對身邊的人才「視而不見」、「置之不理」。壓制和埋沒人才只會使我們的事業蒙受損失。主管一定要有「有膽識虎龍，無私辨良才」的能力，求才，用才，惜才，育才；給龍以深水，而非陷阱深潭，給虎以深山，而非逼入平地，使「龍虎」各盡其能，各展其技，這才能廣納八方英才，形成「優秀員工有成就感，平庸員工有壓力感，不稱職員工有危機感」的良性循環。

知識激勵法

隨著知識經濟的到來，知識更新速度不斷加快，也日益突出企業組織中存在的知識結構不合理和知識老化現象，所以主管必須在實踐中不斷豐富和積累知識，也要不斷加強學習，樹立「終身教育」的思想，變「一時一地」的學習爲「隨時隨地」的學習；對一般員工則採取鼓勵自學和加強職業培訓的方法。而身爲跨世紀的人才應掌握必要的外語和電腦知識，能夠利用網際網路獲取各類資訊，各級各類人才只有在「專」和「博」下工夫，不斷提高自己的思想素質、科學文化素質、社會活動素質、審美素質，才能適應這個時代對人才素質的要求。

情感激勵法

情感是影響人類行爲最直接的因素之一，任何人都有渴求各種情緒滿足的需求。主管應該不斷滿足各類人才日益增長的物質文化需求，多關心員工的生活，敢於說眞話、動眞情、辦實事。而在滿足物質需要的同時，也要關心員工的精神生活和心理健康，提高員工的情緒控制力和心理調適力。對於他們事業上的挫折、感情上的波折、家庭上的裂痕等各科「疑難病症」，要給予及時「治療」和疏導，以此建立起正常、良好、健康的人我關係，營造出相互信任、相互關心、相互體諒的工作氣氛。

目標激勵法

目標是組織對個體的心理引力。所謂目標激勵，就是確定適當的目標，誘發人的動機和行爲。目標具有誘發、引導和激勵的作用。一個人只有不斷啓發對更高目標的追求，才能啓動其奮發向上的內在動力。正如一位哲人所說：「目標和起點之間隔著坎坷和荊棘；理想與現實的矛盾只能用奮鬥去統一；困難，會使弱者望而卻步，卻使強者更加鬥志昂然；遠大目標不會像黃鶯一樣歌唱著向我們飛來，卻要我們像雄鷹一樣勇猛地向它飛去。」

在目標激勵的過程中，要正確處理大目標與小目標、個體目標與組織目標。在目標考核和評價上，要定性、定量、定級，做到獎罰分明。

榮譽激勵法

從人的動機來看，人人都具有自我肯定、爭取榮譽的需要。對於一些工作表現比較突出，具有代表性的先進人物，給予必要的精神獎勵，是很好的榮譽激勵方法。在榮譽激勵中還要注重對團體的鼓勵，以培養大家的集體榮譽感和團隊精神。

行爲激勵法

人的情感總受行動的支配，而激勵又將反過來支配人的行動。我們所說的行爲激勵，就是以富有情感的目標對象來激勵他人，從而引發人的積極性。我們常講榜樣的力量是無窮的，典型人物的行爲能夠激發人們的情感，引發人們內心的共鳴，從而發揮強烈的示範作用。

身爲管理人才的主管，自身的行爲激勵作用也是很大的。愛因斯坦曾明確地告訴人們，在人才教育工作中，教育者本人就是最主要的教育因素。主管要能處處身先士卒，以身作則，吃苦在前，享樂在後，就會透過自己榜樣的作用去影響員工。因爲主管自身的榜樣是一種刺激，同時又是一種正向強化（激勵本身就是一種強化過程），透過示範形式，對員工產生作用，並逐漸被員工模仿與認同，從而轉化爲員工的「自我強化」，納入自身的心理結構之中，達到內化的目的。

當然，主管發揮自身表率作用的同時，還要善於大力宣傳，使行爲激勵由點到面，由表及裡，自上而下，自下而上，以達到最佳的激勵效果。

4. 激勵的學問

激勵是指激發人類行爲的心理過程。在企業管理中，激勵可以解讀爲創造滿足員工各種需要的條件，激發員工的動機，使之產生實現公司目標的特定行爲。實際上，企業的管理者時時刻刻都有意無意地應用著某種激勵模式在進行管理。若管理者應用了不符合實際需求的激勵模式，就無法取得好的激勵效果。

下面介紹幾種有效的激勵模式。

模式一：物質激勵

物質激勵即透過物質刺激的手段，鼓勵員工工作。它的主要表現形式有正激勵，如發放工資、獎金、津貼、福利等；負激勵，如罰款等。

不少公司在使用物質激勵的過程中耗費不少，而預期的目的並未達到，員工的積極性不高。例如，在發放獎金上，很多企業僅僅依靠月終一次，年終一次的獎金，不知不覺陷入了不及時獎勵、不分好壞的「皆大歡喜」式無效獎勵的惡性循環，根本無法達到激勵效果。企業要透過物質獎勵激發員工積極性，就不能把獎金與薪資放在一起發，這樣就把工作應得的和額外奉獻混爲一談，員工不一定會有被獎勵的感受。

第一節
有效的激勵

現代企業應把思維創新並有實效的行爲當成重要獎勵因素，以鼓勵員工的創新意識和創新行爲。

物質激勵應注意以下幾方面。

物質激勵應與配套制度結合起來。制度是目標實現的保障。因此物質激勵的實現也要靠配套制度來保障。企業應透過一套制度的建立，創造一種氣氛，以減少不必要的損耗，使公司成員都能以最佳的效率爲實現公司的目標多做貢獻。例如，物質獎懲標準在事前就應制定好，並公諸於衆，且形成制度，而不能靠事後的「一種衝動」，想起來時再給獎勵，不想就作罷，那樣是達不到激勵目的的。

物質激勵必須公正，而不是「平均主義」。美國心理學家亞當斯透過大量調查發現，一個人對所得的報酬是否滿意，不是只看其絕對值，而且要進行社會比較或歷史比較，看相對值。透過比較，判斷自己是否受到了公平對待，從而影響自己的情緒和工作態度。爲了做到公正激勵，必須對所有員工一視同仁，按統一標準獎罰，不偏不倚，否則將會產生負面效應。此外，切忌平均主義。平均分配獎勵等於無激勵。據調查，實行平均獎勵，獎金與工作態度的相關性只有二〇％，而進行差別獎勵，則獎金與工作態度的相關性能夠達到八〇%。

模式二：精神激勵

物質激勵的確存在一些缺陷。美國管理學家皮特（Tom Pe-tes）曾指出重賞會帶來副作用，它會使大家彼此封鎖消息，影響工作的正常發展。而精神激勵是在較高層次上，誘發員工的工作積極性，其激勵深度大，維持時間也較長，精神激勵的方法有許多，這裡著重以下四種：

目標激勵。企業目標是企業凝聚力的核心，它體現了員工工作的意義，能夠在理想和信念的層次上激勵全體員工。企業實施目標激勵前，首先要將自己的長遠目標、中期目標和近期目標進行宣傳，使員工更加瞭解企業和自己在目標實現過程中可以發揮的作用。其次，應把組織目標和個人目標結合起來，宣傳兩者的一致性，使大家瞭解到只有在完成企業目標的過程中，才能實現個人的目標。個人事業的發展、待遇的改善與企業的發展、效益的提高息息相關。這樣，員工就會對企業產生強烈的感情和責任心，平時用不著別人監督就能自動把工作完成，也能主動關心企

第一節
有效的激勵

業的利益和發展前途。

工作激勵。日本著名企業家稻山嘉寬在回答「工作的報酬是什麼」時指出：「工作的報酬就是工作本身！」這說明工作本身具有激勵力量。雪恩在提出了經濟人假設的同時，也提出自我實現人假設，它是指人們力求最大限度地發揮自己的潛能，而只有在工作中充分表現自己的才能，才會感到最大的滿足。依據這一假設，爲了讓員工發揮更強的工作積極性，管理者要考慮如何使工作本身變成更具內在意義和更高挑戰性，這樣才能給員工自我實現感。

現代人力資源管理的實踐經驗和研究顯示，現代員工都有參與管理的要求和願望，創造和提供一切機會讓員工參與管理是激發他們積極性的有效方法。透過參與，形塑出員工對企業的歸屬感、認同感，更可以進一步滿足自尊和自我實現的需要。

榮譽激勵。榮譽是眾人或組織對個體或群體的崇高評價，可以滿足人的自尊需要，是激發人們奮力進取的重要手段。榮譽激勵成本低廉，但效果很好。美國IBM公司有一個「百分之百俱樂部」，當公司員工完成他的年度任務，便成爲「百分之百俱樂部」成員，他和他的家人受邀請參加隆重的宴會。結果，公司的員工都以獲得「百分之百俱樂部」會員資格爲第一目標，想要獲取那份光榮。這一激勵措施有效利用了員工的榮譽需求，取得良好的激勵效果。

模式三：情感激勵

情感激勵就是加強與員工的感情溝通，尊重員工，使員工始終保持良好的情緒，以激發員工的工作熱情。人們都知道，在好心情下工作，思路開闊、思維敏捷、解決問題也迅速。創造良好的工作環境，加強管理者與員工之間，以及員工與員工之間的溝通與協調，是情感激勵的有效方式。

5. 激勵每一個人

人是很有趣的，人人各不相同，十分複雜。想讓員工發揮最佳的能力，是很具挑戰性的。你手下的人爲各自不同的動機所驅使，你不能用一個人的動機去激勵另一個人。如果這樣做能發揮效用的話，做主管豈不簡單？

第一節
有效的激勵

倍受敬重的瑞士心理學家卡爾・榮（Carl Jung）說，我們當中八〇%的人為欲求所驅使；我們當中二〇%的人為所不欲驅使。我們可能是朝同一方向走去，但策動的原因卻極為不同。

例如，問同一個工作團隊的成員，為什麼要努力去實現他們的銷售和生產預算。「為欲求所驅使」的人會說他們想得到鼓勵，得到成就感，聽到老闆公開認可他們；「為所不欲驅使」的人會說他們不想錯過得到鼓勵的機會，或是不願被別人視為「普通人」，忍受其他團隊的自大。

身為主管的你如能說兩種激勵的語言，就可以策動團隊中的所有成員，向同一方向進發。

這裡需要提醒的是，「為所不欲驅使」者的成功會受到限制，因為人腦不能處理負面的目標。我們的大腦需要積極的目標。例如，在駕駛訓練班，教練教你要盯著前進的目標看，如果你總是看著地上的標誌線，就很可能越線。

回到管理上來，你要按照員工各自的路和方向加以鼓勵，適當引導他們著眼於積極的目標，這樣他們就會成為你優秀的手下。

6. 如何讓駑馬賽良馬

主管的工作絕不是順從部屬，而在於讓部屬心悅誠服地追隨自己的意志。主管是透過他人實現自我的一種過程。

對管理理論略有涉獵的人都知道效果與效率的分別：效果是做對的事（Do Right Things），效率是把事情做對（Do Things Right）。

有人認爲主管者應該做對的事情，而管理者則應該把事情做對。也就是說，主管是要講究效果的，而管理則應該強調效率。

在這樣的區分下，我們可以說，主管者的責任是在變動中找出方向，而管理者的責任則是用最經濟效率的方法，穩健地執行既定政策。

用軍事作爲比喻，作戰的前方需要主管，後勤則靠管理。沒有良好的管理，主管不會成功；沒有良好的主管，管理也會失去目標。

一般成功領袖的典範，幾乎都是成大功、立大業的人物。在政治領域中，大家熟知的例子可能是康熙大帝或拿破崙之類的英雄人物；在商場上，大家熟知的典範可能是新力的盛田昭夫或奇異的威爾許等國際知名大公司負責人。

第一節
有效的激勵

然而，這些人物所面對的工作情境或層次，與絕大多數人所面對的，相距不可以千里計。我們眞能從這些典範人物的言行舉止中，學習到可以運用在我們生活或工作的主管能力嗎？

這個問題涉及主管與情境的配合情形。幾乎所有的專家都同意，主管絕非一成不變的原則，而需要因時、因地及因人制宜。

每個人都有或大或小的缺點，懂得選才用人的主管者，毫無疑問的都掌握兩個重點：識人要細、知人要全。

主管用人的著眼點，首先一定要盯在一個人的長處上，把焦點集中在優點上。一個聰明的主管者審查人才時，絕不會先看他的缺點，而要看他是具備完成特定任務的能力。

在用人方面，之所以出現「外來和尚會念經」的情況，是因爲不少主管者在選才用人時，好像是在西瓜地裡挑西瓜一樣，挑花了眼還下不了決定。

因此，主管的首要工作應該是瞭解自己需要什麼樣的人？所主管的屬下特性是什麼？什麼樣的人可以做好每一項任務？如此，才能用B級的人做好A級的事。

只看別人的短處，肯定就會愈看愈不順眼，愈看愈不滿意，因爲你會不自覺地把別人的短處放在首位，結果長處就在無形中被忽視了。於是，「我這兒沒有人才，人才還得到外面去找」，就成了某些主管者的口頭禪。

其實，一些愈是有才能的人，他們的缺陷也往往愈明顯，譬如，有才能者恃才傲物，有魄力者不拘常規，如果把他們的錯誤或缺失看得太嚴重，而把他們閒置一旁，未免可惜了。

相反的，只有老好人缺點最少，得罪人最少，但是他們往往表現得膽小怕事，正印證了一句俗語：「老實是無用的別名。」因此，一個高明的主管人，用人一定要用有所長的人，而不要傾向於用老好人、四平八穩的人。

在「強將手下無弱兵」的邏輯下，將是主體，兵則是用來襯托將的優秀，主管者的主要工作之一是「拉引」他「手下」的部屬，使他的部屬成爲「強兵」。

但在新世紀的管理邏輯下，兵是主體，將是用來襯托兵的優秀，部屬的主要工作之一是「推擠」他「頭上」的主管者，使他的主管者能夠以水到渠成之勢成爲卓越的主管人。

古往今來的人才，都是有缺點的，主管者對人才可以從嚴要求，但絕不能吹毛求疵。主管學大師華倫・班尼斯曾表示：「主管就是主管者的自我實現。」說的也就是這個道理。

眞正會用人的人，最擅長的就是用對的人去做對的事，善用所用之人的優點，去做他最拿手的事。

如果你懂得這個「用人」的簡單訣竅，並且把它融會貫通，那麼你不僅可以用B級的人做A級的事，甚至可以讓他做A^+的事。

7. 現代管理者的通行證

在群策群力的時代，英明主管者的神話正在破滅之中，優秀幹部的重要性遠超過優秀的主管人。企業想要坐擁強兵的第一步，是改變主管者的心態。

一個團體或公司的大小事務，如果都必須由主管者一個人單獨去做的話，主管者縱有三頭六臂也無可奈何，因此他必然得把一部分任務和責任交由下屬去完成和承擔。至於主管人對於部屬能不能充分授權，那就牽涉到彼此之間的信任問題。

真正優秀的主管應該做到老子所說的無爲而治，無爲而後可以無所不爲。但一般人一想到「強將」這個字眼，絕不會想到「無爲的將」。「強將」給人的聯想，不但要有所爲，而且必須有強勢的作爲，因此，在「強將手下無弱兵」的邏輯下，主管者極有可能既勞心又勞力。

有的人把任務分派給下屬後，依然事無巨細的干涉和盤問，弄得下屬處於爲難的境地，左也不是，右也不是。有的主管人則在提出辦事的大原則之後，對具體作法毫不過問，而是完全地交付下屬去完成。

比較這兩種不同的方法，很顯然的，第二種要高明得多，不但可以促進上司與下屬之間建立和諧的信任關係，也可以充分發揮下屬的積極性，檢驗他的思維模式和辦事能力。

相反的，那些不信任下屬的人，無異於在下屬的腿上拴一條繩子，看他們走偏了一點，就把繩子收得緊緊的，把他們拉回來。長久以往，下屬自然不敢再走路，也就把他們的創造性、主動性抹殺了。試想，做上司的對下屬一點都不信任，下屬又怎能信任上司呢？

信任的力量是無窮的，身為公司或單位的主管人，應充分相信部屬的能力，否則，縱然自己做到累死，也難有大發展。主管只應決定事情的大原則，其他的細節和過程，都應交給手下的人去辦理，他們在事情的細節方面，說不定比主管瞭解的還要多。

但是，主管者在用人方面，一定要先自己進行考察。你把任務交給下屬，並不代表你就可以把自己的責任推卸得一乾二淨，因此，如何用好一個得力的下屬是至關重要的。如果事情進行到一半，才發現下屬的方向或方法完全錯誤，不僅會影響你的威望，也會對公司造成損失。

第一節 有效的激勵

有一個生產手機的小企業，原是美國著名品牌摩托羅拉的區域代理商，後來見到市場的手機需求量很大，便投資建了一個百多人的小廠。廠長、人事經理、生產部主管、採購主管等，都是由當年一同打天下的親戚朋友們擔任。

工廠運作了一段時間之後虧損嚴重，老闆左思右想，覺得是人才方面出了問題，於是決定在人才市場上進行招募。

果然，這家企業很快就走出了低谷。但令人遺憾的是，老闆頂不住那些親戚朋友的壓力，並沒有把原先的人馬全撤換掉。面對新舊兩路人馬，老闆竟想利用「老人」監視「新人」，又利用「新人」鬥爭「老人」，於是新舊兩路人馬爲了爭取老闆的信任，都充當老闆的「眼線」。

老闆沾沾自喜，以爲所有的人都在他的掌控之中，卻沒想到，這樣做的最終結果讓企業陷入癱瘓的絕境。

在「強將手下無弱兵」的概念下，爲將者並不需要強出頭，他所需要的只是讓兵儘量的發揮才能。由於他把主管權下放給部屬，心胸開放而無成見與偏執，才可能從無爲晉升到無所不爲的境界。因此，主管者在把任務交給下屬後，也要進行適當的調查和溝通工作，透過下屬的彙報、本身親自考察等形式來瞭解工作的進展。

所謂「用人不疑，疑人不用」，並非不察人而用人，而是察人之後把任務大膽地交給可信之人。用人時要有「你辦事，我放心」的氣魄，在把任務交給下屬去辦理時，要使他們感覺到「這件事交給你去辦準沒錯」，他們不僅會在工作上全力以赴，也會自然地對你產生親近感和信任感。

企業想要坐擁強兵的第一步是改變主管者的心態。主管者一定要能夠先放下自己比部屬強的想法。不少企業領袖由於強將的意念作祟，總認為身為主管者必須比部屬強，容不得部屬比自己優秀，幹部的潛能也就受到局限。

其次，企業要營造一個部屬能夠建立信心、發揮潛能的環境。要做到這一點，企業必須把行動的主體從主管者轉移到部屬，讓部屬認知到自己是主導者，他們才有可能成為強兵。第三，企業領袖應該儘量把各種具發展性的機會讓給員工，唯有員工受寵，他們才更能自立自強。

如果主管者享有太多的榮耀，相形之下，部屬得到的肯定太少，自信與發展都會受限，當然也就難以成為強兵了。

8. 具備用人的眼光

現代企業不能消極的追求「無弱兵」，更要積極的坐擁「強兵」。不弱的兵只是具有良好執行能力的員工，而強兵則具有「單兵作戰」的能力。

敢用能力超過自己的人，其實是一種自信。美國汽車界傳奇人物艾柯卡「反敗為勝」的例子，正好能從正反兩方面說明敢不敢用強人的不同結果。

福特汽車公司是美國汽車業的佼佼者，曾經在美國三大汽車公司中排第一。福特公司的董事會一直由福特家族把持，高級管理階層則由一批管理精英構成。由此可以想像，一個家族以外的人能夠擔任福特這樣巨型公司的總經理，才華是多麼的出衆。

然而，福特公司的歷任總經理之中，除了麥克拉瑪拉自動辭去總經理職務，受總統邀請出任國防部長外，其餘的總經理幾乎沒有一個善終。他們在總經理座位上沒有坐幾年，便會因爲各種理由而被炒魷魚或被迫辭職。

後來，這個命運也降臨到艾柯卡身上了，他被解除總經理職務，只在福特公司裡面掛一個虛職。

艾柯卡在他的自傳《反敗爲勝》中，批評亨利・福特二世的用人術說：「他不能容忍比他強的人，否則輿論會說福特公司是靠外族人撐起來的。」

艾柯卡是美國汽車工業界傑出的管理專家和行銷大師，他一手推出幾種極爲暢銷的車型，並且進行了極爲成功的廣告企劃，把福特公司推向戰後的鼎盛階段。

顯然，艾柯卡的聲譽蓋過了福特家族的繼承人，以及代表家族在公司執掌最高

第一節
有效的激勵

權力的亨利·福特二世。這使得福特二世很不舒服，愈看愈覺得艾柯卡不順眼，而完全忽略了他的能力和功績。

此外，公司的高級主管有事都直接跟艾柯卡商議，並且跟他關係融洽，更使得福特二世大起疑心，認爲艾柯卡搞派系，嚴重威脅福特家族在公司的地位。

福特二世把艾柯卡趕出公司決策層的消息，在美國產業界引起極大的震撼，震動最大的，要算底特律三大汽車公司。

通用汽車公司處於老大地位，雖然不至於把艾柯卡挖去，卻在心裡大大鬆了一口氣。克萊斯勒在三大汽車公司中敬陪末座，當時正處於行銷困境中，庫存大量積壓，沒有任何一種暢銷車型。

克萊斯勒董事會爲此召開緊急會議，以董事長和總經理爲首的董事會成員，力主聘請艾柯卡來拯救克萊斯勒。

但誰都知道，要把福特公司的前總經理挖到規模小許多的克萊斯勒，是不能屈就他的，至少也應該讓他出任總經理。

爲了顧全大局，總經理表明願意主動讓賢，這時，公司董事長做出一個驚人的決定，表示要把他的董事長職務也讓出來。

艾柯卡被克萊斯勒的誠意打動了，他走馬上任，出任公司董事長兼總經理。在他帶領下，克萊斯勒最後終於走出困境，不但償還了巨額債務，盈利狀況也日漸進入佳境。

福特公司老闆因爲容不下強人，公司營運每下愈況，而敢用強人的克萊斯勒則業績蒸蒸日上，兩者形成了鮮明的對比。

國外的長青企業證明，企業之所以能夠長存不墜，並不在於有偉大的領袖，而在於有源源不絕的優秀員工。

強兵不能只是被動地接受將的主管，也要能夠主動地面對挑戰，承擔責任；當主管者有所偏失時，他要能勇於表達自己的看法。所以面對多變詭異的環境，強兵的重要性可說是與日俱增。

美國著名的管理學家杜拉克曾經說：「倘要所用的人沒有短處，他最多只是一個平凡的人，所謂樣樣皆能，必然欠缺多多。能力愈高的人，其缺點往往也愈明顯。有高峰必有深谷，誰也不可能十項全能。」

第一節
有效的激勵

二次世界大戰結束後，美國的用人觀念不僅遠遠超越了敵我的界限，而且還超越了國家的界線。

當時，德國被打敗了，美國和蘇聯的軍隊都開進了德國本土，蘇聯忙著把德國的工廠、機器和設備像搬家似的，用火車一車又一車地運回國，美國人卻棋高一著，到處網羅德國的科學家，把他們帶去美國。

雖然美國人知道這些人曾為納粹德國製造了許多先進武器，對盟軍造成很大的死傷和損失，但他們仍給這些「戰俘」各種非常優厚的條件，鼓勵和支援他們繼續從事科學研究。正是因為這種信任和胸襟，這些科學家為美國戰後的科學技術事業發展做出了卓越貢獻。

反觀蘇聯，得到的卻是幾年後就變成一堆破銅爛鐵的東西，為什麼？

一是蘇聯沒有美國的這種戰略遠見；二是即使有，也不會放手大膽地使用這些「敵人的科學家」。殊不知，在「政治大整肅」時期，他們連自己培養的科學家都遭到迫害呢！

美國網羅德國科學家為自己效力的例子，給我們的啓示是：用人的時候，千萬不要存有「敵我」意識，也不要老是固守自己的立場，用狹隘的眼光去衡量一個人的價值。

現實生活中，人往往瑕瑜互見，如果你能任用那些有缺點，但勇於探索、不怕犯錯誤的人，充分利用他們的優點，使他們感到你的尊敬和信任，才會激發他們努力創造更加突出的成績。

激勵故事：鵝卵石

在一堂時間管理的課程上，教授在桌子上放了一個裝水的罐子，然後拿出一些鵝卵石放進去。教授把石塊放完後，問他的學生：「你們說，這罐子是不是滿的？」

「是。」所有的學生異口同聲地回答說。

「真的嗎？」教授笑著問。又拿出一袋碎石子，從罐口倒下去，搖一搖，再加一些，又問學生：「你們說，這罐子現在是不是滿的？」這回，他的學生不敢回答得太快。最後有位學生怯生生地回答道：「也許沒滿。」

「很好！」教授說完後，又從桌下拿出一袋沙子，慢慢倒進罐子裡。倒完後，再問班上的學生：「現在你們告訴我，這個罐子是滿的呢，還是沒滿？」

「沒有滿。」全班同學這下學乖了，大家很有信心地回答說。

「好極了！」教授再一次稱讚這些「孺子可教」的學生們。他拿出一大瓶水，把水倒在看起來已經被鵝卵石、小碎石、沙子填滿的罐子。他正色問班上的同學：「我們從這個例子得到什麼重要的啟示呢？」

班上一陣沈默，然後一位自以爲聰明的學生回答說：「無論我們的工作多忙，行程排得多滿，如果調整一下，還是可以多做些事情。」

這位學生很得意地想：「這門課講的畢竟就是時間管理嘛！」

教授點了點頭，微笑道：「答案不錯，但並不是我要告訴你們的重點。」說到這裡，這位教授故意頓了頓，用眼睛掃了全班同學一遍說：「我想告訴各位的重點是，如果你不先將大的『鵝卵石』放進罐子裡去，你以後也許沒機會把它們再放進去了。」

激勵故事：絕境和奇蹟

法國一個位於野外的軍用機場上，一個名叫桑尼爾的飛行員，正專心地用自來水槍清洗戰鬥機。突然，他感覺有人用手拍了一下他的後背。回頭一看，他嚇得大叫一聲，拍他的哪是人，是一隻碩大的狗熊正舉著兩隻前爪站在他的背後！桑尼爾急中生智，迅速把自來水槍轉向狗熊。也許是用力過猛，在這萬分緊急的時刻，自來水槍竟從手上滑下來，而狗熊已朝他撲了過去……他閉上雙眼，用盡吃奶的力氣縱身一躍，跳上了機翼，然後大聲呼救。

警戒哨裡的哨兵聽見呼救聲，急忙拿著衝鋒槍跑出來。兩分鐘後，狗熊被擊斃了。

事後，許多人都大惑不解：機翼離地面最起碼有二．五公尺的高度，桑尼爾在沒有助跑的情況下居然跳了上去，這可能嗎？如果真是這樣，桑尼爾不必再當飛行員，而應該當一名跳高運動員，去創造世界紀錄。

然而，桑尼爾後來做了無數次試驗，再也沒能跳上機翼。

一位研究人體潛能的專家說：「此事完全有可能發生。人在遇到危急情況時，體內會分泌一種奇異的荷爾蒙，能激發人體所潛藏的超能力。情況愈危急，潛能愈容易發揮，而在平常情況下，潛能皆處於沉寂狀態。」

一個絕境就是一次挑戰、一次機遇，也許你會因此而創造超越自我的奇蹟。

第五天　把病貓激勵成老虎

主管的工作絕不是順從部屬，而在於讓部屬心悅誠服地追隨自己的意志。主管的工作是透過他人實現自我的一種過程。

如果我們不能勇於接受挑戰，並培養全世界最優秀的人才，我們絕對沒有機會成功。除非擁有最好的人才，否則無法成為最頂尖的。

在競爭過程中，誰能夠勝出就看誰有執行力；執行力的關鍵在於你是否有必贏的決心，在面對困難的時候，要找出各種解決方法，發揮主管才能，把病貓激勵成老虎。

案例一　教大象跳舞——
路易士．格斯特納帶領IBM成功轉型

君臨天下的企業霸主——IBM公司總裁路易士．格斯特納，二十八歲即成為麥肯錫企管顧問公司最年輕的委託代理人，三十三歲成為最年輕的高級主管，三十五歲出任運通公司執行副總裁，一九八九年出任RJR NABISCO總裁。每次，他都能在危難之際扭轉乾坤。一九九三年，他接任瀕臨破產邊緣的IBM，九十天便確立新的目標與對策，到一九九五年，IBM銷售盈利達四百多億美元。

路易士．格斯特納對他的員工說：「不管你將來是商界名人，或是正準備另謀出路，我要的是你現在為我盡心盡力地工作。」

沒有一個正常人會把格斯特納的會議描繪成輕鬆愉快。會前，他要求各部門主管把營運情況和出現的問題全都寫下來，即使偶爾看到你，他也不會停下來和你聊天。他這樣做，目的是要讓IBM人習慣於正視困難。

在股東會議上，他鼓動人們對IBM的董事發難，如果董事們迴避問題，格斯特納就會指定一個董事負責解決。IBM個人電腦公司的總經理佩米薩羅回憶起當時的情形說：「他會從椅子跳起來，毫不留情地訓斥他的下屬。」

曾一度以終身雇用制聞名於世的IBM在格斯特納接掌時，已裁減了近半數的雇員，從一九八六年的四十萬六千人減到了一九九四年的二十一萬九千人。他還註銷了二百多億美元的資金，使公司負債率直線下降。

成功的企業並不會坐等領袖出現，而是主動尋找具有主管潛力的人才，讓他們接觸有利於發展潛能的職場經驗。

格斯特納進入IBM，像他一貫的那樣，帶著瘋狂的速度。在九十天內，他做出了重大決定：他將保持公司的完整性，並把資金投入到大型主機上。這在今天看來是正確的一步，但在當時，卻是十分大膽而不得人心的舉措。由於IBM內部的每個人都希望破壞一切，這也使得格斯特納的決定異常關鍵，因爲IBM再也經不起折騰了。

一九九三年，格斯特納空降到IBM，大家都以爲來他只是來主導IBM分裂成幾個獨立經營的事業單位。沒想到格斯特納緊緊維繫這家公司於不墜，並且要求經理人同心協力，重建IBM。

格斯特納搶在批評者之前，決定維持公司組織結構的完整、降低核心產品的價格以保持公司的競爭力，而且幾乎是以挑釁的態度表明：「IBM現在最不需要的是遠景。」

從一開始就有人懷疑格斯特納能否擔當IBM的重任。格斯特納上任後，立即採取教科書上典型組織轉型的震撼療法。首先大幅更換高階主管，將權力集中在中央，停止原來將IBM拆解成數個獨立公司的做法。接著，為降低成本，裁員三萬五千人，一年之內，公司成本下降了一百二十億美元，第二年即開始獲利，可以稍微喘息。IBM進行組織改革後，重新塑造公司以顧客為中心的文化，掃除官僚習氣，改變薪資結構，高階主管以績效為薪資基礎，並且要求高階主管購買公司股票。

格斯特納完善了售後服務管理，並把IBM重新帶回到個人電腦製造商的行列。他把長期貸款從一百四十六億削減到九十九億，並想盡辦法購回了一〇七億美元的股份，終於使IBM的股票回升到了每股二十八．八美元，僅比過去的最高紀錄低六．七五美元。在重建過程中，IBM的股票曾一度跌至十四美元以下，但即使在這種困境下，IBM仍在商品銷售上盈利四百多億美元。

接下來，革新IBM需要做的最後一件事，就是樹立新的理想。格斯特納當仁不讓的爲IBM構建了一幅宏偉的藍圖：IBM將重新主導網路世界，並且調整技術發展戰略，建立自己的網路系統，最終成爲電腦設計和製造的中堅力量。

IBM帶動的不僅僅是幾家公司，而是整個電腦行業的發展。從某種角度上說，格斯特納正把IBM引向新的希望，那將是個與從前一樣光輝的時代——成爲全美甚至全球業界資訊技術的至尊霸主。

網路的興起，毋疑地給IBM創造了難得的機遇。在眼花撩亂、瞬息萬變的網路世界中，IBM的地位將無人可以替代。

格斯特納看待電腦業的確有非常不同的角度，他說：「過去我每天與顧客打交道，而電腦業卻是每天與技術打交道。驅動電腦業發展的是技術，但市場上發生的一切是由顧客推動的。網路已存在二十多年，爲什麼現在突然重要起來？眞正的問題在於顧客改變他們對通信技術的想法。」

讓一個大型組織成爲顧客導向的企業到底有多難？著名的管理學者卡爾·艾布

瑞契將這樣的任務比喻爲教一隻大象跳舞，因爲兩者皆包含許多相同的挑戰。在一隻大象起舞之前，或一個大型組織轉型之前，有兩個必備的條件：首先，必須有人先證明這隻厚皮哺乳動物有以趾尖旋轉的可能性；其次，大象的動機必須被引發出來，使牠願意跳舞。

服務管理可以創造並傳達服務意願，使那個意願得以實現於現實的企業界。此外，它也可以幫助組織轉型爲顧客導向的企業。它可以教會大象跳舞，或至少增強大象學習的意願。

格斯特納厲行策略轉型，他認爲IBM不能再是電腦硬體公司，而應該提供顧客完整的解決方案，於是成立了全球服務部門。一九九五到二〇〇一年，IBM銷售的成長幾乎全部來自服務和軟體部門。這個策略的轉型對近年IBM的股價有決定性的影響。

首先，服務及軟體的利潤較高，顧客可以比較硬體的價格，但對於軟體和服務卻沒有議價的能力；其次，轉型到服務爲主的公司可以大幅增加資本生產力，服務型公司既不需要資本支出，也不需要存貨，和生產硬體爲主的公司相比，每一美元的股本可以產生更多的利潤。

不僅如此，IBM還積極處理資產，將遍佈全球的工廠賣掉，爲了賣個好價錢，它和買主簽下五年購買合約，到了二〇〇一年，IBM的廠房設備只占總資產的十八%。

此外，IBM還積極降低股本，最近三年，它每年花六十億美元從市場上買回自家股份，流通在外股數從二十三億降到十七億。

流通在外的股數減少，利潤增加，資金生產力大增，股價自然扶搖直上，因而創造了近年來最成功的企業轉型，而且不是靠成長轉型成功的。

在一九九三年時，很少有人認爲IBM這頭大象會翻身，但是經過七年的努力，格斯特納做到了！

案例二　發揮主管特質——
傑克．威爾許衝出奇異公司的輝煌時代

如果我們不能勇於接受挑戰，並培養最優秀的人才，我們絕對沒有機會成功；除非擁有最好的人才，否則無法成爲最頂尖的公司。

一九三五年十一月十九日，傑克．威爾許出生於麻州畢波第市，自麻州大學化工系畢業後，威爾許接著到伊利諾大學完成碩士課程，並於一九六〇年取得該校化工博士學位。畢業後，威爾許進入奇異公司設於麻州匹茲菲市的塑膠事業部工作，後來他將此部門轉變爲當時奇異公司的明星事業。

一九七一年底，威爾許接任奇異化學與冶金事業部總經理；一九七三年，他成爲零件及原料集團的副總裁兼執行長；一九七七年，威爾許被提升爲資深副總裁兼消費性產品與服務事業的區域執行長，以及奇異信用公司副董事長。一九七九年威爾許再上一層樓，成爲奇異集團三位董事長中的一員。

案例二
發揮主管特質

一九八一年，威爾許正式接掌奇異，他以激烈的手法重塑這家衆人眼中成功的企業，他所提出的組織改造與縮編的改革手法，是現代企業改造的先驅，奇異在他的卓越領導之下，成爲美國最成功的企業。

在他擔任奇異董事長的二十年間，平均每年幫投資人賺回二十一．五％的報酬，讓奇異的市值增加四千億美元，成爲全球最有價值的企業，而他個人也成爲最受美國人尊敬的企業董事長。

奇異公司在一八七八年創立，早期以生產電器用品爲主，自從傑克．威爾許於一九八一年接任奇異總裁之後，立刻大刀闊斧地進行企業改造行動，包括裁減二百多個事業部以及十萬名以上員工。

他不斷與企業內部、外部進行溝通，並運用智慧推行變革計畫，終於成功的收服人心，讓員工逐漸擺脫惰性以及舊有的官僚作風。

「現今的經濟充滿了變數，但奇異公司總會將變動視爲一種機會，這樣的環境正給予我們一個大好的機會來證明我們的能力，當別家公司在發出獲利預警的同時，我們卻宣佈提高盈餘預估。」這是威爾許在一次公司會議中提出的觀點。

在全球百大上市企業的總市值排名上，奇異公司（GE）以高達五二六九億美元的總市值重登冠軍寶座，而且比第二名英代爾公司的四五三四億美元高出許多，顯示奇異公司這家百年老店非但寶刀未老，相較於那些新興的高科技公司，還顯得更有戰鬥力。

對於企業主管和董事長來說，傑克．威爾許是企業界的「偶像」，「打破藩籬」、「合力促進」等威爾許語彙，這些企業精英們朗朗上口，如數家珍。基本上，威爾許的主管統御有幾項重點，可做爲企業永久經營的管理之道：

一、強調全球化的工作環境，廣納多元化的全球人才。

二、賞罰分明，對表現優異者分發股權與紅利，表現不好的員工則會遭到解雇。

三、用心對待員工，重視員工的尊嚴，傾聽員工的聲音，讓員工心甘情願爲公司付出。

威爾許說：「如果我們不能勇於接受挑戰，並培養全世界最優秀的人才，我們絕對沒有機會成功。除非擁有最好的人才，否則光靠我們的科技、我們偉大的事業、我們的能力與我們擁有的資源，還是無法成爲全世界最頂尖的公司。」

所以，他讓員工發表意見，不但能使他們建立自信，並且能使員工更喜愛自己的公司，願意爲公司付出。精明的主管人、高瞻遠矚的眼光，加上人性化的管理制度，難怪奇異這家百年老店能夠一直成爲華爾街的長青樹，歷久不衰。

我們都知道主管者須具備遠景和活力，但是徹底檢視這些有影響力的主管之後，我們發現偉大的主管還具有下列四項特質：

第一項特質：他們是卓越的主管者

選擇性的故意顯露出本身的小弱點，讓員工知道他們的主管平易近人，和員工之間是沒有距離的，然後在主管與員工間搭起友誼的橋樑，這種關係是建立在信任和支持上。

第二項特質：他們是員工士氣的鼓舞者

這類型主管者充分依賴自我的直覺，他們是情境感應器，在沒有徵兆前，便能夠判斷什麼事將會發生，既是情境主管的高手，也是知性的主管者。

第三項特質：他們具有堅定的同理心

堅定的同理心是指給員工他們所需要的，而不是迎合他們的欲望，這類型是需求滿足型的主管者。主管者必須以熱情和務實態度對待員工，在員工的工作上表示強烈的關懷，而且對待員工以坦率和直接了當的態度。

第四項特質：運用本身的獨特性、差異性

一流主管者善於利用本身的獨特性，創造一種社會距離，並且展現自己的與眾不同和獨立的一面，目的就是要激勵員工表現得更好。這是屬於駕馭型的主管，通常在這種要求下，員工能得到最大的成長。

以上四種主管者的特質，對每一位主管而言都是必備的，但這些特質的運用，並非呆板和機械式的，必須相融會後，配合情況的需求而展現出主管的個人風格。最重要的是，這些特質的表現必須是自然眞實的本性流露。要成爲一位眞正的主管者，就是要在學會這些主管特質後，更努力做自己。

案例三 充分授權——

中村邦夫在松下企業的危機管理

面對不確定的未來，主管者不可能只靠具體客觀的數字，也要靠夢想與意願來領導企業於不墜。當環境變動愈快，未來愈不確定時，意願愈重要，主管也愈顯重要。

權力就像一條河流，不流動就會變成一潭死水。

任何企業都有一定的組織架構，不同級別有不同的主管層。但不論如何，在每個主管層中都要職務、職責、權力三者統一，使具有一定能力的人擔任相應的職務。同時，對這一職務還要有相應的責任，並賦予相應的權力。

企業的主管者能否集思廣益，激發每一名下屬的積極性，關鍵就在於能否放手讓下屬去做；能否充分授權，讓下屬有權、有職、有責。

如果能讓下屬感到你放手讓他們去做，讓他們在權力範圍內獨立自主地解決問題，就會激發他們對公司的責任感。

日本最大電器企業松下公司的創建者松下幸之助認為，個人的才幹與能量都是有限的，只有讓每個人各司其職，充分施展才能，公司的管理才能健全運轉。因此從創業之初，他就對所屬部門進行授權，把公司的管理按適當的規劃，分為一個個相對獨立的事業部。

松下幸之助說：「公司繁榮時期，主持者應默默坐著，不要干預下面的工作；而在遇到困難時，主持者便應親自指揮一切！」

正因為如此，松下公司的上上下下都能明確自己的職責並努力工作。

要使一個人的才能得到充分發揮，必須賦予一定的條件，如手中有一定的權力、一定的資金等。因此對於有才幹的下屬，就必須充分授權。

商場險惡，危機常會無預警的接踵而來，外來的壓力不斷湧入，主管者必須快速採取行動，來阻止情況繼續惡化。

危機管理的五個要素包括果決、彈性、創新、簡單和授權，主管者必須以開放的態度來面對解決危機的建議，同時願意接納緊急指揮官的協助。

案例三
充分授權

危機管理最重要的就是將重要事情簡單化，只要求部屬按照平時的訓練按部就班去做，而不要求他們做不熟悉的事務。

有些高級主管幾乎每天都在處理危機，處理危機必須有專業知識，瞭解組織中的人員、組織本身，以及組織的任務、目標和優先順序。任何人都不能憑著對組織和其功能的膚淺瞭解來行事。

危機發生時，最重要的是保持冷靜和沈著，主管者必須以受過良好訓練而務實的態度來面對危機，不能被以往的舊政策束縛住，因爲它們再也不適用於現今快速變遷的環境。

此時，組織的水平和垂直整合，面臨了非常嚴峻的挑戰。在主管和管理良好的組織中，工作人員平時即致力於整合團體（水平的整合），並確保中級主管和他們的部屬之間維持和諧的關係（垂直的整合），這類完善的組織通常在危機中表現最良好。

事實也可證明，這類組織會因危機而變得更堅強，因爲員工能從經驗中學習，並以他們在壓力下表現良好爲榮。

二〇〇一年，松下電器裁員一萬人，並廢除某些事業部，進行創業以來最大規模的改革。改革成績立即呈現，松下電器DVD等高利潤產品相繼打出漂亮的一仗，此外，對於二〇〇六年的營業毛利率預測，也提升至五%。松下電器究竟是如何做到的？

中村邦夫社長指出，長久以來，松下都是採取事業部負責銷售的制度，但是這卻成爲妥協與藉口的溫床。中村於是調整組織，從商品企劃開始，到庫存管理與銷售，都由行銷本部全權負責，結果很快就收到立竿見影的效果。

後來，中村邦夫在接受《日經商業週刊》訪問時指出，科技平臺的改革，以及採取細胞式管理的製造方式，是這次改革行動成功的因素。

松下新商品的陸續開發，與資訊科技的革新有很大的關係。例如，要開發全世界同步問市的產品，就必須縮短開發的時間，這樣一來，善用資訊科技進行專案管理，就顯得非常重要。另一方面，資訊科技協助企業透明化，撤除組織的藩籬，讓企業再造發揮加乘效果。

中村邦夫曾經身兼IT部長的職務長達三年，在這三年間，公司投入一千四百億日元在改善資訊科技的環境上。

在生產方面，細胞式生產扮演松下改革的重要角色。松下位在兵庫縣加東郡的電子鍋工廠，就是採用細胞式生產，整個工廠只生產電子鍋。採行新生產方式以後，該廠增加了一〇%的收益。當員工從頭到尾看見一個個電子鍋在眼前完成，會興起前所未有的成就感。

採取細胞式生產後，每一項產品都必須由生產者簽名以示負責。這是一種品質保證，無形中也減低了不良率，讓員工覺得他們從事一個有意義的工作。

因此，在資訊科技革新與細胞式製造的攜手合作之下，松下電器大幅降低庫存。二〇〇一年三月，公司有一兆六百億日元庫存量，到了二〇〇二年三月減低至七千二百億日元。

中村邦夫也大幅改革組織結構，他認爲，一個人在企業裡的價值和年齡無關，端看他的腦筋是否靈活，是否還有求知的欲望和創新的概念。

二〇〇一年三月，松下電器共有一萬名以上的員工申請提前退休。由於年輕人無法再依賴上司，因此相當拼命完成工作。以松下熱賣的數位攝影機爲例，這款全世界最小的數位攝影機，開發團隊的負責人年齡多半在四十歲以下，可見得人員的流動對於組織的改革有正面的貢獻。

在危機中能運用的另一個有效辦法，就是成立一個「機會小組」。這個小組不應參與危機的實際處理，但應熟悉情況，以便以旁觀者的身分來分析機會和建議行動。

主管者因爲忙於處理危機，通常沒時間去思考如何完成一些平時無法做到的事。此時，如有一群由不同的人員組成的小組，或者是公司負責長程規劃的小組，便可以適時提供「我們爲何不試試這個？」或「你是否曾想到過這個辦法？」之類的建議。

因此，組織可以將危機，也就是一個挑戰和獨特的事件，轉變成一個機會。

美國總統約翰·F·甘乃迪對一九六一年柏林圍牆危機的反應就是一個例子。在那次危機中，甘乃迪擴建了傳統軍事武力、動員儲備部隊，並在歐洲部署軍隊以供訓練和嚇阻之用。他擬定了一個「機會計畫」，並將這個計畫付諸實行。

在危機結束後，公司進行一次「打鐵趁熱」的檢討是很有助益的，這是美國企業通用的一個很好的形容詞，就是將所有介入危機處理的重要人物都聚集在一起，分享危機中的學習經驗。

此外，主管者在事後也應該寫一份報告，分析以後發生危機時，有哪些事項、哪些地方可以做得更好。

身爲主管者，如果你注意到危機接二連三發生，你應該評估有多少危機是從組織內部發生的。它們也許是你的部屬製造出來的，目的在增加你的忙碌或取悅你；或者，這些危機是你自己鼓勵發生的，藉此激發你的組織能量。明白危機發生的原因，你才有可能將危機變成轉機。

案例四　反敗為勝的奇蹟——艾柯卡領導克萊斯勒汽車的「勝經」

克萊斯勒公司因經營不善陷入絕境，艾柯卡受命於危難之際，他收拾這個爛攤子，第一步就是思考如何突破困境。經過詳細調查，很快就發現了公司存在的五個致命弱點。

一、**紀律鬆弛**

他到任的第一天，就遇到兩件令人惱火的事。一是他發現前總裁柯費羅的辦公室竟成爲人來人往的通道，職員們穿堂而過，連招呼都懶得打，沒有一點規矩。還有，他看到前任總裁的女秘書在工作時間隨便打電話辦私事，這在福特公司是要丟飯碗的，而這裡卻毫無顧忌。再往下看，基層組織像一盤散沙，士氣低落到令人難以置信的地步。

二、**管理混亂**

公司沒有名副其實的管理體制，也沒有行之有效的規章制度，設計部門與製造部門彼此沒有聯繫，上級部門與下屬部門嚴重缺乏溝通。

三、**人浮於事**

公司副總經理竟多達三十五個，艾柯卡形容他們「各自占地爲王」，辦起事來互相牽制、踢皮球。

四、**庫存積壓**

公司不按經銷商的訂單組織生產，結果導致庫存貨滿爲患，公司不得不每個月舉行一次減價銷售，結果又造成了經銷商對減價的依賴和期待，想買車的顧客也推遲買車時間，目的是等待降價。

五、**資金短缺**

一九七八年克萊斯勒虧損二億多美元，而一九七九年，更是虧損高達十一億美元，並積欠各種債務達四十八億美元。

為了讓克萊斯勒得以順利起死回生，在精兵簡政方面，艾柯卡毫不手軟地砍下「三斧頭」。

第一斧，先「砍」掉公司的高層主管，將那些身居高位而毫無建樹的平庸之輩全部撤換。公司三十五個副總經理先後辭退了三十三個，高層部門的二十八名經理也撤銷了二十四個。

第二斧，精簡機構，壓縮企業規模。他大膽採用「關、停、並、轉、賣」幾項措施，在五十多個生產工廠中，關閉、變賣了十六個，合併轉產四個，從而產量、車型和銷售相應減少，企業規模「消瘦」了三分之一。

第三斧，削減雇員。他先後解雇了九萬多人，裁員率超過五〇%，經紀人由五千人減少到三千七百多人。

艾柯卡在用人方面也是別具一格，運用了美國職業棒球隊選取球員的方法。為了從全世界找到並且培養出最佳的球員，美國職棒建立了一套尋找、培養和留住優秀球員的做法，艾柯卡認為，企業界也可以從中學習，思索出在激烈競爭中徵才及留才的良方。他認爲美國職棒業的這套做法包括三大部分：

一、仔細的徵才過程

為了雇用最佳球員，許多球隊搜尋全世界的可能人選，球探親自拜訪球員的故鄉，觀察他們的運動技能，收集詳細資料，例如，跑壘的速度、全壘打的打擊率。此外，還與球員的父母、老師以及教練等談話，瞭解球員的個性及背景、對棒球熱愛的動機及程度、是否遵守紀律等。

球探在尋找球員時，使用科學資料，而且掌握的資訊範圍廣泛，比一般企業的面試深入許多。

二、固定的帶領系統

在球員加入球隊後，球探通常會參與他們的培訓一年，甚至更久的時間，讓球員在新環境遇到問題時，有熟識的人可以諮詢。此外，球隊常常營造家庭的氣氛，經理與教練都以幫助球員發揮才能爲目標，讓球員產生歸屬感。

這些做法都是爲了幫助新球員順利適應球隊，降低他們離開球隊的機率。就這方面而言，新球員比一般公司的新員工獲得更多的注意和照顧。

三、**把出錯的可能性降到最低**

球隊提供的訓練，除了基本的球技和體能課程外，還聘請運動心理學家教導球員如何準備面對競爭的正確心態，並培養營養飲食的習慣，讓球員保持最佳的體能狀態。有些球隊甚至教導球員如何應付媒體，練習在電視上接受訪問、回答記者的問題，種種訓練課程都是爲了讓球員能夠發揮最大的潛力。

除此之外，球隊對新成員的訓練投資方面，也遠勝於許多企業。艾柯卡認爲，所謂的管理就是發動他人去工作，一個企業運轉得好，就是那裡的人發動得好；而發動人的重要辦法就是與他們交談。鼓舞性的演說無疑就是發動一大群人的最好辦法。

當然，企業的新員工與球隊的新球員，爲團隊帶來的價值不同，因此企業難以如同球隊一般，投注全部心力在每一位新員工身上，但是球隊在徵才、留才上用心的精神，卻可以提供企業界做參考。

案例五　讓猴子愉快鑽羅圈——郭台銘「上行下效」的企業文化打造鴻海帝國

在競爭過程中，誰能夠勝出就看誰有執行力；想要執行力超越別人，就要看你是否有必贏的決心，面對困難的時候，找出各種解決方法。

很多人不瞭解鴻海集團董事長郭台銘，何以能從三重埔一家專門製造黑白電視機旋鈕的小工廠起家，做到臺灣第一大民營製造業，甚至超越積體電路（IC）教父張忠謀、筆記型電腦之王林百里？

答案就是超越常人的執行力。

一手打造鴻海帝國霸業的郭台銘，隨身帶個小鬧鐘，他剖析自己最大的缺點，就是沒有耐心，看不得年輕人不上進、做事情沒效率。個性十萬火急的郭台銘，可以三天不睡覺把貨趕出來，也可以直接衝到生產線，連續六個月守在機器旁，硬是盯著出貨。

爲了提升競爭力，郭台銘把鴻海的事業經營部分成四類：經營層、規劃管制層、執行層，還有作業層。

經營層一定要負責本身所主掌的經營事業。非常清楚的，營業成績表現在數字上，它就是一種數字管理，因此得把每一年的成長目標化成數字，好讓每個員工瞭解自己所必須要達到的經營指標。規劃管制和執行這兩個層級的人員，也都會把任務分配下去。

在鴻海，身爲作戰指揮官的經營層要以身作則，負起責任，帶領規劃管制層和執行層執行目標。任何執行層的人有困難、做不到，經營層的人和規劃管制層的人都會陪他們一起做。

郭台銘要求親自參與，每一名高級主管都必須和執行層同仁共同作業。比如說產品開發與生產，都是由各種方案的組織會議推動，每個專案組織都由高級主管帶領。最重要的是，作業是由有經驗、有能力的高級主管負起責任。這是很重要的文化——責任應該由上位者來扛。

在鴻海，品質的執行力如果發生問題，必須由上到下負責，而不是由下到上。

過去有段時間，任何客戶對品質不滿意，一定會直接通知郭台銘，現在則是先通知經營主管。郭台銘強調，公司不能有從下而上彙報的做法，例如，銷售人員通知製造線長，製造線長通知品管經理再通知上層。他要求公司嚴格遵行從上到下的工作流程。

在一個企業裡，大家必須有共同的價值標準，企業文化就是大家共同的生活方式。鴻海的企業文化就是有紀律的文化。郭台銘說：「主管人、管理階層、負責人要以身作則。眞的錯了，就必須最先負責任。」

如果說郭台銘有信仰，鴻海的信仰就是執行力。每當媒體問到企業文化，他會回答說：「上行下效，就是鴻海的文化。」

在他眼裡，執行力是一種紀律，一種決心。回想當初打入連接器的世界戰場，爭得與競爭對手平起平坐的地位，咬緊牙關、土法煉鋼累積各種專利與技術，就是決心貫徹的實證。

鴻海的執行力做法很清楚。第一，分層負責。第二，由上面帶領下屬實際執行。第三，數字管理。

鴻海要求嚴格，任務過程一出問題，主管必須最先到工作現場處理。執行力要從高層做起，上面這樣做，底下員工就會跟著做。光談授權未必有用，管理哪有什麼訣竅，主管帶頭做，底下照著做，就是如此。

速度加上執行力，讓郭台銘征戰全球各大洲，所向披靡，在短短五年內，營業額從新臺幣三八一億元，一口氣衝上了二四五〇億元，被美國《商業週刊》評鑑為「亞洲之星」中的最佳創業家，也連續攀登《富比世》的全球富豪排行榜。

在郭台銘的字典裡，沒有「管理」，只有「責任」。帶人如帶兵的他，相信擁有一支富有責任感的隊伍，充分發揮執行力，產品才能使客戶放心。郭台銘至今仍是鴻海衝鋒陷陣的超級營業員，統領鴻海，他永遠是站在第一線的大帥。即使是SARS疫情嚴重擴散期間，他也以身作則，堅持飛回深圳龍華基地。他說：「我要告訴大家的是，我跟大家在一起。」

有一段時間，為了提升技術水準，郭台銘曾經將辦公桌放在衝壓生產廠領班的桌子隔壁，監督指導，跟現場作業人員一起改善。他的會議廳就在領班的辦公室，用木板隔出一個小空間。這樣運作六個月，郭台銘將衝壓技術提升至國際水準。到現在，他的辦公室仍是隨時移動。

上行下效，這就是鴻海文化。郭台銘希望不只是現在如此，未來接班的人也是秉持這個精神帶領企業向前邁進。

早在幾年前，他就開始打造「科技的鴻海」；在他眼中，未來企業競爭打的是一場「效率的戰爭」，只要大力拉高品質、降低成本，鴻海就永遠有無限的空間。

在微利時代，企業賺的往往是效率的錢。過去由於資訊不發達，大家賺很多保護的錢、知識的錢，像專利，還賺很多關係的錢，比如壟斷、獨佔。此外，像過去日本大商社的時代，日本貿易商就是賺情報的錢。然而，現在資訊傳遞非常快，這種靠訊息賺錢、靠保護賺錢、靠特權賺錢的任何行業、公司慢慢都會遭到淘汰，面臨生存競爭。

在競爭過程中，誰能夠勝出就看誰有執行力；執行力想要超越別人，就看你是否有必贏的決心，面對困難的時候，找出各種解決方法。在郭台銘眼裡，執行力便是一種紀律，一種決心。

案例六 福利政策激勵第一——謝貝爾以優厚福利領導上海貝爾企業的一流人才

深得人心的福利，比高薪更能有效地激勵員工。

企業福利一直是人們關注的熱門話題。爲了避免理解上的分歧，這裏所指的企業福利是一個非常廣泛的概念。它囊括了除薪資以外，企業支付給員工的其他報酬和津貼，包括各種獎金、培訓、企業出資的保險和其他福利津貼項目。

上海貝爾始終把員工看成公司的寶貴資產、公司未來的生命力，並以擁有一支高素質的員工隊伍而自豪。公司每年召開的董事會，都將相當多的時間用於討論與員工切身相關的問題，如員工培訓計畫、獎金分配方案、工資調整和其他福利政策等，而且每年董事會用於討論此類事項的時間不斷增加。

上海貝爾的決策者深刻地認識到，人才日益成爲高科技企業在市場競爭中的勝負關鍵。只有抓住員工，其他戰略才能付諸實現。因此，企業的福利政策應該與其總體的競爭策略保持一致。隨著企業競爭策略的變化，配套的福利政策也應該隨之調整。

當然，意識到人在企業經營中的重要性並不困難，難的是如何在企業的日常經營中貫徹以人爲本的經營方針。上海貝爾在這方面做了一些卓有成效的探索，自然也體現在公司的福利政策上。公司管理階層爲了塑造以人爲本的理念，在實務中致力於以下幾項工作：

創造國際化發展空間

上海貝爾在經營初期，因爲當時的外部環境所限，公司福利大多承襲了中國計劃經濟體系下的大鍋飯形式。隨著公司的發展和中國市場體系日益和國際接軌，上海貝爾在企業福利管理方面日趨成熟。其中重要的一項就是眞正做到了福利跟隨戰略，使上海貝爾的福利管理擺脫了原先企業不得已而爲之的被動窘境，公司主動設計出別具特色的福利政策，來營建自身的競爭優勢。

爲了讓員工眞正融入國際化的社會、把握國際企業的運作方式，上海貝爾的各類技術開發人員、行銷人員都有機會前往上海貝爾設在歐洲的培訓基地和開發中心，接受多種培訓，也有相當人數的員工能獲得在海外研發中心工作的機會，少數有管理潛質的員工，還被公司派往海外的著名大學深造。一個企業能提供各種條件，使員工的知識技能始終保持在國際水準，還有什麼比這更能打動員工的心？

力推自我完善

上海貝爾認爲，公司的福利政策應該是公司整體競爭戰略的一個有機部分。吸引人才，激勵人才，爲員工提供一個自我發展、自我實現的優良環境，是公司福利的目的。同時，各類人才，尤其是高科技領域的人才，在專業和管理的知識及技能方面，更必須要自我更新和自我提升。

「在我們的整個福利架構中，培訓是重心，我們在此可謂是不遺餘力。」總裁謝貝爾說道。從企業長期發展的遠景規劃，以及對員工的長期承諾出發，上海貝爾形成了一整套完善的員工培訓體系。上海貝爾儘管不時從外部招聘一些企業急需的人才，但主要的人才來源是高等院校畢業的本科生和研究生。他們進入上海貝爾後，必須經歷爲期一個月的入職培訓，緊接著是爲期數月的實務培訓；轉爲正式員工後，根據不同的工作需要，對員工還會進行在職培訓，包括專業技能和管理專項培訓。

此外，上海貝爾還鼓勵員工繼續深造，如MBA教育和博士、碩士學歷教育，並爲員工負擔學習費用。各種各樣的培訓項目，不但提高了公司對各類專業人士的吸引力，也大大提高了在職員工的工作滿意度和對公司的忠誠度。新近成立的上海貝爾大學，堪稱是公司培訓員工方面的最具體表現。

強調日常績效

「我們致力於營造一個有良性競爭氣氛的上海貝爾大家庭，努力使員工分享公司的成功，但同時也努力使我們的福利政策能激勵員工奮力爭先。」謝貝爾說。

將員工福利視爲一種長期投資，管理上得面臨如何客觀衡量其效果。在根據企業的經營策略制定福利政策的同時，必須使福利政策能促使員工去爭取更好的業績，否則福利就會演變成平均主義，不但起不了激勵員工的作用，反而會助長不思進取、坐享其成的消極工作習慣。

在上海貝爾，員工所享有的福利和工作業績密切相連。不同部門有不同的業績評估體系，員工定期的績效評估結果決定他所得獎金的多少。爲了鼓勵團隊合作精神，員工個人的獎金還和其所在的團隊業績掛鉤。在其他福利待遇方面，上海貝爾也是在兼顧公平的前提下，以員工的業績貢獻爲主，其意在激勵廣大員工力爭上游。

「我們的福利政策是，你會得到你應有的部分，但一切需要你去努力爭取，一切取決於你對公司的貢獻。」謝貝爾說道：「上海貝爾要在市場上有競爭力，在公司內部也不能排除良性的競爭。競爭是個絕妙的東西，它使所有人得益。我們的福利政策必須遵循這一規律。」

培育融洽關係

「卓有成效的企業福利需要和員工達成良性的溝通。」謝貝爾一語驚人。「要眞正獲得員工的心，公司首先要瞭解員工的所思所想和他們內心的需求。從某種程

案例六
福利政策激勵第一

度上來說，員工的心是驛動的心，員工的需求也隨著人力資源市場情況的漲落，和自身條件的改變在不斷變化。所以公司在探求員工的內心需求時，切忌採用靜態的觀點和手段，必須依從一種動態的觀念。」

上海貝爾的福利政策始終設法去貼切反應員工變動的需求。上海貝爾公司員工隊伍的年齡結構平均僅為二十八歲。大部分員工正值成家立業之年，購屋置產是他們生活中的首選事項。在上海房價高漲的情況下，上海貝爾及時推出了無息購屋貸款的福利專案，在員工們購屋時助一臂之力。而且在員工工作滿規定期限後，此項貸款可以減半償還。如此一來，既替年輕員工解決燃眉之急，也讓為企業服務多年的資深員工得到回報，又在無形中加深了員工和公司之間長期的心靈契約。

當公司瞭解到部分員工透過其他手段已經解決了購屋問題，接下來有意買車時，上海貝爾又為這部分員工推出購車的無息專案貸款。公司如此善解人意，員工當然投桃報李，對公司的忠誠度得以大幅提升。

很多企業在福利方面只做不說，員工只能從同事或人事部門獲得一些支離破碎的公司福利資訊。如此在福利方面缺乏溝通，首先使員工對公司的忠誠度發生問題；內部員工況且如此，局外人肯定更是身處五里霧中，公司對外部人才的吸引力將大受影響。

在上海貝爾，和員工的溝通是公司福利工作的一個重要部分，詳盡的文字資料和各種活動，使員工對公司的各項福利耳熟能詳，公司也鼓勵員工在親朋好友之間宣傳上海貝爾良好的福利待遇。公司在各類場合更是盡力詳盡地介紹公司的福利計畫，使各界人士對上海貝爾優厚的福利待遇有一個充分的瞭解，以增強公司對外部人才的吸引力。

與此同時，上海貝爾還計畫在員工福利方面加以創新，改變以前員工無權決定自己福利的狀況，給員工一定選擇的餘地，參與自身福利的計劃，如將購屋和購車專案貸款額度累加合一，員工可以自由選擇是用於購車還是購屋；在交通方面，員工可以自由選擇領取津貼，自己解決上下班交通問題；也可以不領津貼，搭乘公司安排的交通車輛。一旦員工在某種程度上擁有對自己福利形式的決定權，則工作滿意度和對公司的忠誠度都會得到提升。

「上海貝爾一流的工作環境，其實也是員工們深感自豪的一種福利。身為上海

案例六
福利政策激勵第一

貝爾大家庭的一員，在如此美侖美奐的條件下工作，我心足矣。」謝貝爾說，上海貝爾的工作環境，勝過他在歐洲工作時的環境。

國家圖書館出版品預行編目資料

衝~衝~衝 中小企業主管五天激勵法／石向前著.
－－第一版－－ 臺北市：知青頻道出版；
紅螞蟻圖書發行，2010.09
面　　公分－－
ISBN 978-986-6276-29-3（平裝）

1.人事管理 2.激勵

177.2　　99014545

衝~衝~衝 中小企業主管五天激勵法

作　　者／石向前
美術構成／Chris' office
校　　對／周英嬌、楊安妮、朱慧蒨
發 行 人／賴秀珍
榮譽總監／張錦基
總 編 輯／何南輝
出　　版／知青頻道出版有限公司
發　　行／紅螞蟻圖書有限公司
地　　址／台北市內湖區舊宗路二段121巷28號4F
網　　站／www.e-redant.com
郵撥帳號／1604621-1 紅螞蟻圖書有限公司
電　　話／(02)2795-3656（代表號）
傳　　真／(02)2795-4100
登 記 證／局版北市業字第796號
港澳總經銷／和平圖書有限公司
地　　址／香港柴灣嘉業街12號百樂門大廈17F
電　　話／(852)2804-6687
法律顧問／許晏賓律師
印 刷 廠／鴻運彩色印刷有限公司
出版日期／2010年 9 月　第一版第一刷

定價 220 元　港幣 73 元

ISBN 978-986-6276-29-3　　**Printed in Taiwan**